Studienbücher Informatik

Reihe herausgegeben von
Walter Hower, Hochschule Albstadt-Sigmaringen, Albstadt-Ebingen, Deutschland

Die Reihe Studienbücher Informatik wird herausgegeben von Prof. Dr. Walter Hower.

Die Buchreihe behandelt anschaulich, systematisch und fachlich fundiert Themen innerhalb einer großen Bandbreite des Informatikstudiums (in Bachelor- und Masterstudiengängen an Universitäten und Hochschulen für Angewandte Wissenschaften), wie bspw. Rechner-Architektur, Betriebssysteme, Verteilte Systeme, Datenbanken, Software-Engineering, Interaktive Systeme, Multimedia, Internet-Technologie oder Sicherheit in Informations-Systemen, ebenso Grundlagen und Operations Research. Jeder Band zeichnet sich durch eine sorgfältige und moderne didaktische Konzeption aus und ist als Begleitlektüre zu Vorlesungen sowie zur gezielten Prüfungsvorbereitung gedacht.

Weitere Bände in der Reihe http://www.springer.com/series/12197

Walter Hower

Informatik-Bausteine
Eine komprimierte Einführung

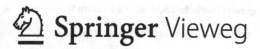

Springer Vieweg

Walter Hower
Hochschule Albstadt-Sigmaringen
Albstadt-Ebingen, Deutschland

ISSN 2522-0640 ISSN 2522-0659 (electronic)
Studienbücher Informatik
ISBN 978-3-658-01279-3 ISBN 978-3-658-01280-9 (eBook)
https://doi.org/10.1007/978-3-658-01280-9

Die Deutsche Nationalbibliothek verzeichnet diese Publikation in der Deutschen Nationalbibliografie; detaillierte bibliografische Daten sind im Internet über http://dnb.d-nb.de abrufbar.

Springer Vieweg
© Springer Fachmedien Wiesbaden GmbH, ein Teil von Springer Nature 2019

Springer Vieweg ist ein Imprint der eingetragenen Gesellschaft Springer Fachmedien Wiesbaden GmbH und ist ein Teil von Springer Nature
Die Anschrift der Gesellschaft ist: Abraham-Lincoln-Str. 46, 65189 Wiesbaden, Germany

Für Dich ☺

Geleitwort

Die Informatik ist eine Schlüsseltechnologie und bestimmt ganz wesentlich die Zukunft unserer Gesellschaft. Aktuell spielen hier zwei Themen eine herausragende Rolle. Die Künstliche Intelligenz (KI) und die Bioinformatik. Beide Disziplinen nehmen in Deutschland und weltweit eine taktgebende Rolle im Bereich der Wissenschaft und Industrie ein. Die KI basiert auf den Arbeiten des maschinellen Beweisens und wurde in Deutschland in den 60er-Jahren des letzten Jahrhunderts etabliert. Die Bioinformatik basiert auf den Arbeiten der Sequenzanalyse und wurde in Deutschland zu Beginn der 90er-Jahre etabliert. Überhaupt liegen die Stärken der deutschen Informatik in der Anwendung. So bestimmen die deutschen Wissenschaftler schon seit Jahren das Geschehen u. a. auf den oben genannten Gebieten. Grundlegend sind dabei die Methoden der Informatik. In diesem Rahmen setzt das vorliegende Buch an, welches den Studierenden den Einstieg in diese Art der Informatik bietet. Die Welt der Informatik ist diskret. Aus diesem Grund startet das Buch mit den Grundbausteinen der diskreten Mathematik, um genau diesen mathematischen Unterbau zu leisten. Im nächsten Kapitel wird diese diskrete Welt der Informatik präsentiert. Automaten und formale Sprachen bilden einen wesentlichen Kern der Informatik. Darüber hinaus dominieren sie den Bereich der Modellierung und Simulation. Die Begriffe Entscheidbarkeit und Komplexität werden ebenfalls in diesem Abschnitt eingeführt. Beide Begriffe gehören zum Fundament der Informatik. Dass es unentscheidbare Probleme gibt, ist der Menschheit erst Anfang des letzten Jahrhunderts klar geworden. Hier handelt es sich um eine grundlegende Erkenntnis, weil gerade der Informatiker zu Beginn eines jeden Projektes diese Problemfrage klären muss. Erst die nachgewiesene Entscheidbarkeit des vorliegenden Problems kann die algorithmische Problemlösung einleiten. Der zweite fundamentale Schritt ist die Klärung der Komplexitätsfrage des zu lösenden Problems. Dahinter steckt die

Frage, ob ich das Problem in einer für den Nutzer praktikablen Zeit algorithmisch lösen kann oder ob ich aufgrund der hohen Komplexität approximative Lösungen suchen und anwenden oder entwickeln muss. Der Algorithmus, also die Entwicklung des problemlösenden Verfahrens, ist der zentrale Begriff der Informatik und wird hier im darauffolgenden Kapitel präsentiert. Häufig lassen sich Probleme nur mittels geeigneter Heuristiken oder approximativer Verfahren lösen. Genau hier setzt u. a. die KI an und hat in den vergangenen Jahren eine Vielzahl von Methoden zur Lösung sogenannter „Harter Probleme" entwickelt. Die Wissensbasierten Systeme und Neuronalen Netze bilden hier sicherlich ein Highlight der Künstlichen Intelligenz. Diese Suche nach approximativen Verfahren stellt auch wieder eine Brücke zwischen Künstlicher Intelligenz und der Bioinformatik dar. Auf der Suche nach approximativen Methoden schauten die Wissenschaftler in die Welt der biologischen Systeme und identifizierten biochemische Mechanismen. Letztlich wurden diese Kernmechanismen in die Welt der Algorithmentheorie übersetzt. So entstanden die Neuronalen Netze als „Abfallprodukt" der Neurophysiologie und die Genetischen Algorithmen als „Abfallprodukt" der Evolutionstheorie. Das vorliegende Buch gibt den Studenten die Chance eines schnellen Einstieges in die Kerngebiete der Informatik. Das Buch ist aufgrund der vorgenommenen Auswahl und der kompakten Präsentation gelungen und kann somit im Rahmen der Ausbildung eine katalytische Funktion übernehmen.

Prof. Dr. Ralf Hofestädt
AG Bioinformatik und Medizinische Informatik
Universität Bielefeld

Vorwort

Informatik ist eins der bedeutendsten Studienfächer unserer Zeit; dieses Gebiet wissenschaftlich zu durchdringen und nach vorne zu bringen bedarf der hellsten Köpfe. Daher richte ich dieses Einführungs-Werk zunächst an den Nachwuchs, die Studierenden (und natürlich ebenso an die Dozent*innen/Prof., die es empfehlen mögen ⌣). Bringen Sie Fleiß und geistige Frische mit; auch zukünftig erfordern fortschrittliche Lösungen und neue Ideen ein hohes Maß an Abstraktions-Vermögen, Ausdauer und Kreativität.

Ich wünsche mir natürlich, dass weniger Anfänger*innen letztlich „die Grätsche machen", die Schwund-Quote also sinkt, um mehr Studierwillige in's Reich der -fähigen ⌣ herüber zu retten; diese Handreichung möge als gutmütiger Einstieg dienen.

Das lebendige Gebiet der Informatik hat sich selbstverständlich längst ein Fundament erarbeitet, Beziehungen zu Nachbar-Disziplinen etabliert und viele Anwendungs-Terrains erobert. Dieses schlanke Büchlein möchte nun mit seinen Bausteinen einige Aspekte bequem in wenigen Grundzügen beispielhaft vorstellen.

Diskrete Mathematik bildet die Basis. Während die Schul-Mathematik eher kontinuierliche Funktionen handhabt, hat man es in der Informatik mehr mit diskreten Abbildungen (mit einzelnen Punkten) zu tun. Grundlegendes wie verständliche Darlegungen der Funktions-Eigenschaften *injektiv* und *surjektiv* sind natürlich ebenso Bestandteil wie der Begriff einer *partiell* definierten Funktion – was für die im Anschluss daran präsentierte *Unberechenbarkeit* ⌣ von tragender Bedeutung ist. Zu letztgenanntem Thema trägt auch die *Potenz-Menge* einer (1-fach) unendlich großen Grund-Menge bei – weshalb Mengenlehre (auch wenn's naïv „very basic" klingt) hier nicht fehlen darf. (Die Größenordnung der 1./kleinsten Unendlichkeits-Stufe illustrierte ich in einem TED^X-Vortrag.) Auch Beweis-Prinzipien gehören in jeden Mathe-Kanon. Für die Informatik ebenso bedeutsam halte ich die

Zähl-Techniken, darunter auch zwei Klassiker: Das *Schubfach-Prinzip* („Verteilung in Taubenhöhlen" [„pigeonhole principle" {Party ⌣ bei Nicht-Injektivität}]) und die zunächst harmlos daherkommende *Quotienten-Regel,* die bei der Berechnung der Anzahl Äquivalenz-Klassen aufblitzt. Sodann gelangen wir zu den ersten Highlights: Grüße aus der *Kombinatorik*-Küche und das Mathe-Kreativitäts-Tool *Rekurrenz-Relation.* Auch das immer schon wichtige und aktuelle Thema (mathemat.) *Kryptologie* ist enthalten. Hier findet sich die *Primfaktor-Zerlegung* ebenso wie die *Teilbarkeit.* Der *Kleine Satz von Euler/Fermat* führt uns gar zum *RSA-*Verfahren (asymmetrisches öffentlich-privates Ver- und Entschlüsseln).

Theoretische Informatik erlaubt prinzipielle Aussagen zum Laufzeit-Verhalten von Algorithmen und zur Entscheidbarkeit von Problemen; es gibt in der Tat unentscheidbare Fragestellungen, welche selbst ein Rechner nicht in ihrer allgemeinsten Form algorithmisch lösen kann. Das Kapitel legt sich erst die Basis via Platz- und Zeit-*Komplexität* und gelangt dann zügig zum prominentesten noch offenen Problem der Informatik: ob die sogenannten *NP-vollständ*igen Probleme, welche bisher nur sehr ineffizient (in exponentieller Zeit) lösbar sind, tatsächlich nicht doch effizient (*polynomiell*) zu knacken sind. Sodann behandeln wir sowohl *Formale Sprachen* als auch die korrespondierende *Automaten-Theorie.* Den Höhepunkt bildet abschließend die berühmt-berüchtigte Unentscheidbarkeit.

Algorithmik beheimatet effiziente Berechnungsmethoden (z. B. zum Suchen und Sortieren via *Quick-, Merge-* bzw. *Heap-Sort*) sowie die Abwägung verschiedener Strategien (rekursiv [„top-down" {„divide-&-conquer"}] bzw. iterativ [„bottom-up" {„dynamic programming"}]). Hier beleuchten wir ebenfalls noch die abstrakte Datenstruktur *Graph* (mit einigen Parametern).

Im Abschluss-Kapitel *Künstliche Intelligenz* kommen endlich die *Heuristiken* zum Tragen: *Genetische Algorithmen, Taboo-Suche, Evolutions-Strategien* („Plus"- bzw. „Komma"-Version) und *Simulated Annealing* sowie *Threshold Accepting, Record-to-Record-Travel* und das *Sintflut-Prinzip* („deluge heuristic"). Auch das omnipräsente „deep learning" findet kurz Erwähnung.

Dem „inner circle" mag auffallen, dass *Diskrete Kombinatorische Optimierung* öfters durchscheint, was man mir verzeihen möge – ist dies doch mein Lieblings-(Forschungs-)Thema.

Dieses Büchlein soll den Stud. sowohl zur effektiven Prüfungs-Vorbereitung als auch als kleines Nachschlage-Werk dienen; meine Granat*en freuen sich auf jeden Fall darauf, ausgeschriebenes Deutsch (auf der Alb ⌣) vorzufinden, in Ergänzung meiner (oft engl.-sprachigen) Mitmach-Skripte. Die Prägnanz ist gewollt; ausführlichere und Original-Werke finden sich in den thematisch zugeordneten Referenzen am jeweiligen Kapitel-Ende – womit auf diese Weise hoffentlich nicht nur Korrekt- sondern ebenso wenigstens etwas Vollständigkeit gewahrt ist.

Bedanken möchte ich mich noch für das kooperative „Ok" zur bequemen Übernahme einiger Passagen aus meinem früheren Buch *Diskrete Mathematik – Grundlage der Informatik* (damals Oldenbourg Wissenschaftsverlag) seitens der Walter de Gruyter GmbH. Selbstredend gebührt dem Lektorinnen-Team des hiesigen Verlags Springer Nature Vieweg Fachmedien, Dipl.-Inf. Sybille Thelen und Dr. Sabine Kathke, mein herzliches Dankeschön; sie coachten dieses Projekt geduldig bis zum Finale. Nun ist's vollbracht: Auf geht's – Viel Spaß!

Inhaltsverzeichnis

Über den Autor

Dipl.-Inform. Dr. Walter Hower lehrt als Professor für Informatik und Grundlagen der Mathematik an der Hochschule Albstadt-Sigmaringen. Er erhielt den Lehrpreis 2006 des Landes Baden-Württemberg und erzielte 2009 bundesweit den 3. Platz Professor des Jahres (Unicum), Ingenieurwissenschaften/ Informatik. Auf zahlreichen Kongressen hielt der TED^x-Sprecher Tutorien sowie Weiterbildungs-Vorträge – sowohl für Studierende als auch Lehrer/ innen verschiedenster Bundesländer – und fungierte als Workshop-Leiter in der Prof.-Fortbildung der Geschäftsstelle der Studienkommission für Hochschuldidaktik an Hochschulen für Angewandte Wissenschaften in BW.

Diskrete Mathematik

1

Dieses Thema kommt seltsamerweise häufig zu kurz – ein Grund mehr, hier einige Sachverhalte zu präsentieren. Gewisse Grund-Begriffe setzen wir schon voraus, wie bspw. Natürliche Zahlen, Wert-Zuweisung, Teil-Menge, Relation und *Boole*sche Algebra. Während im Kontinuierlichen ein Schaubild oft ein durchgehender Graph ist, sind hier die gesuchten Lösungen einzelne („diskrete" ⌣) Punkte; dies klingt zunächst nach einer eher einfacheren Struktur, macht's aber letztlich schwieriger. Das Thema erfordert einen Abstraktionsgrad, der typisch ist für Informatik-Grundlagen.

1.1   Grundstock

Eine *Funktion* bildet jedes Element aus der *Definitions-Menge* D („vorne") auf genau 1 Element der *Werte-Menge* W („hinten") ab; alle dort getroffenen Elemente bilden die Bild-Menge. Wird kein W-Element mehrfach ausgewählt, bekommt also jedes D-Element sein eigenes W-Element, nennt man die Funktion *injektiv*. Wird jedes zur Auswahl stehende Werte-Element tatsächlich getroffen, demnach die Werte- (=hier Bild-)Menge komplett ausgeschöpft, nennt man die Funktion *surjektiv*. Eine sowohl in- als auch surjektive Funktion nennt man *bijektiv* – womit man Zugriff auf gleich zwei Funktionen hat: eine für die etablierte Richtung von D nach W (die „Hin-Richtung" ⌣) und eine für die umgekehrte („Rück-")Richtung von W nach D (die sogenannte *Inverse,* die als Eingabe den ursprüngl. Ergebnis-Wert nimmt und den initialen Eingabe-Wert als Ausgabe liefert). Diese so eingeführte Art einer Funktion nennt man *total* (definiert), da alle D-Elemente definiert sein müssen. Ist dies für gewisse Anwendungen unnötig, hinderlich oder weiß man nichts Genaues über die Eingabe, so lässt man die Forderung der totalen Definitions-Breite

© Springer Fachmedien Wiesbaden GmbH, ein Teil von Springer Nature 2019
W. Hower, *Informatik-Bausteine*, Studienbücher Informatik,
https://doi.org/10.1007/978-3-658-01280-9_1

weg und begnügt sich mit der Definition nur gewisser Eingaben, welche bekannt bzw. bedeutsam sind; eine solche Funktion heißt *partiell* (definiert).

Manchmal braucht man eine mehrgliedrige Eingabe, dies sogar oft in den einzelnen Input-Dimensionen auf völlig unterschiedlichen Einzel-Definitionsbereichen (=: S_i im Folgenden) – weshalb wir nun das *C*artesische Produkt beleuchten:

$$C := \mathop{\mathrm{X}}_{i:=1}^{n} S_i := S_1 \times S_2 \times S_3 \times \ldots \times S_n$$

$$:= \{(e_1, e_2, e_3, \ldots, e_n) \mid e_i \in S_i,\ 1 \le i \le n\},$$

welches man so lesen kann: „Menge aller n-Tupel $(e_1, \ldots, e_n)$, wobei das einzelne e_i aus der jeweilig dazugehörigen Menge S_i stammt (dabei läuft i zwischen 1 und n)". Jedes Element e_i hat seine genaue Position i im Tupel. Im Folgenden zählt $|\cdots|$ die Anzahl der (=: #) Elemente in der endlichen Menge:

$$|C| = |S_1| \cdot |S_2| \cdot |S_3| \cdot \ldots \cdot |S_n| =: \prod_{i:=1}^{n} |S_i|.$$

Beispiel: $1 \le i \le n,\ S_i := \mathcal{B} := \{0, 1\}$;
$|C| = |\mathcal{B}^n| = |\mathcal{B}|^n = 2^n.$

$|M|$ nennt man die „Kardinalität" einer Menge M, ihre Größen-Ordnung: es ist dies im Endlichen deren Elemente-Anzahl und im Unendlichen ihre Unendlichkeits-Stufe; weiteres Stichwort hierzu ist u. g. „(verallgemeinerte) Kontinuums-Hypothese".

1.2 Mengenlehre

Dieses Thema klingt hier bestimmt zunächst als zu einfach, spielt aber schon gleich im Folge-Kapitel *Theoretische Informatik* (Schlagwort „Unberechenbarkeit") eine tragende Rolle.

Eine ganz wichtige Menge dabei ist die *Menge aller Teil-Mengen* einer (Grund-)Menge S – *P*otenzmenge („*power set*") $\mathcal{P}(S) := \{s \mid s \subseteq S\}$ – in manchen Werken mit 2^S bezeichnet, u. a. aus folgendem Grund: Gegeben $|S|$; dann gilt für endliche Mengen:

$$|\mathcal{P}(S)| = |2^S| = 2^{|S|} > |S| \ge 0.$$

Das $>$-Zeichen gilt auch für unendliche Grund-Mengen; nimmt man bspw. $S := \mathcal{N}$, dann führt die Konstruktion der Potenz-Menge $\mathcal{P}(\mathcal{N})$ zu einer höheren Stufe der Unendlichkeit („überabzählbar") als die „abzählbar" unendlich große Grund-Menge $\mathcal{N}$ mit deren Kardinalitäts-Bezeichnung $\omega_{(1)}$.

Die (ver)allgemeine(rte) *Kontinuums-Hypothese* besagt nun:

$$\omega_{i-1_{[\geq 1]}} < \omega_i := |\mathcal{P}^{i-1}(\mathcal{N})|.$$

Einige grundlegende Begriffe brauchen wir noch auch für ganz gewöhnliche Mengen: Lässt sich bspw. eine endliche Grund-Menge in p nicht-leere Teilmengen A_i aufteilen, welche alle gegenseitig disjunkt sind, also in beliebigen Schnitt-Paar-Kombinationen keine gemeinsamen Elemente haben, aber vereinigt die Grund-Menge S bilden, so haben wir eine

$$p\text{-gliedrige Partition}$$

$$P_S := \{A_1, A_2, A_3, \ldots, A_p\}, \qquad p := |P_S|;$$

Da es keine Schnitt-Elemente gibt, gilt für die Anzahl in S:

$$|S| = \left| \bigcup_{i:=1}^{p} A_i \right| = \sum_{i:=1}^{p} |A_i|.$$

Die oft benötigten Mengen-Operationen Durchschnitt ($\cap$) und Vereinigung ($\cup$) verhalten sich lt. folgenden beiden Distributiv-Gesetzen übrigens dual zueinander:

$$A \cap (B \cup C) = (A \cap B) \cup (A \cap C); \; A \cup (B \cap C) = (A \cup B) \cap (A \cup C).$$

1.3 Beweis-Prinzipien

Ein solcher Abschnitt gehört nun einmal zum Standard-Kanon:

Induktions-Beweis

Dieses Vorgehen folgt immer dem gleichen Schema: Erst zeigt man die Gültigkeit auf einer sehr elementaren *Basis* (n_0), einer ganz kleinen Zahl, nimmt die zu beweisende Behauptung für einen allgemeinen Fall (z. B. $n - 1$) als gültige

Hypothese an und zeigt dann in einem konstruktiven *Schritt* (z. B. von $n - 1$ nach n), dass diese Hypothese, nun erweitert auf die nächstgrößere Struktur (z. B. n), exakt der Behauptung entspricht. Notationell wird die Ersetzung der Vorgänger-Struktur durch die Hypothesen-Formel im jeweiligen Schritt durch „!" signalisiert. Somit zeigt man, dass die Struktur der zu beweisenden Aussage durch das konstruktive Problemlösungs-Prinzip von der Lösungs-Formel abgedeckt wird. Das nun folgende Beispiel illustriert diese traditionelle Beweis-Technik:

Anzahl Kanten im „vollständigen Graphen":

Gegeben sind eine Menge V (*vertices*) von n Knoten (*nodes*) und eine Menge E (*edges*) von Kanten, wobei von jedem Knoten genau eine Kante zu jedem anderen Knoten führt; Richtungen gibt es dabei keine – nur ungerichtete Verbindungen.

Sei $n := |V|$, $e_n := |E|$; dann gilt folgende Behauptung:

$$e_n = \frac{n \cdot (n - 1)}{2}.$$

Beweis: Induktion über n:

1. Basis: $n_0 := 1$
   Prinzip: $e_{1_P} = 0$ ($\nexists$ Kante bei 1 Knoten);
   Formel: $e_{1_F} = 1 \cdot (1 - 1)/2 = 0 = e_{1_P}$.
   Das Prinzip wird von der Formel abgedeckt.

2. Hypothese:

$$e_{n-1} = \frac{(n - 1) \cdot ((n - 1) - 1)}{2} \left[= \frac{(n - 1) \cdot (n - 2)}{2} \right].$$

3. Schritt: $(n_0 \leq) \, n - 1 \longrightarrow n \, (> n_0)$
   Idee: Die Kanten des nächstkleineren vollständigen Graphen werden weiterhin gebraucht, und der Knoten n wird zu allen vorhandenen $n - 1$ Knoten via jeweils einer weiteren Kante angebunden:

$$
\begin{aligned}
e_{n_P} &= e_{n-1} + (n - 1) \\
&\overset{!}{=} \frac{(n - 1) \cdot (n - 2)}{2} + \frac{2 \cdot (n - 1)}{2} \\
&= \frac{(n - 2 + 2) \cdot (n - 1)}{2} \\
&= \frac{n \cdot (n - 1)}{2} = e_{n_F}.
\end{aligned}
$$

Der Beweis der Behauptung ergibt sich demnach durch das Aufsetzen eines konstruktiven Schrittes auf die Hypothese und somit durch das prinzipielle Überführen eines Welt-Ausschnitts in eine Formel, welche initial für einen Start-Fall (idealerweise den kleinstmöglichen) erfüllt sein muss.

Direkter Beweis

Bei diesem Vorgehen startet man bei einer sicheren Ausgangs-Basis, macht einige gültige Schritte, um *direkt* die Behauptung zu liefern. Um den Vergleich verschiedener Beweisverfahren zu erleichtern, wenden wir das Prinzip *Direkter Beweis* auf das bereits vorgestellte Beispiel an:

$$e_n = \frac{n \cdot (n-1)}{2}.$$

Beweis: direkt:

$$e_n = 1 + 2 + 3 + \ldots + (n-3) + (n-2) + (n-1);$$
$$+ \, [\, (n-1) + (n-2) + (n-3) + \ldots + 3 + 2 + 1 \,]$$

$$\overline{}$$

$$2 \cdot e_n = n \cdot (n-1)| \; : 2$$
$$\Longleftrightarrow$$
$$e_n = \frac{n \cdot (n-1)}{2}.$$

Die Summen-Bildung der ersten n natürlichen Zahlen nach der Gauß-Formel ist „common folklore": $\sum_{i:=1}^{n} i = n \cdot (n+1)/2$.

Indirekter Beweis

Es gibt Situationen, da lässt sich eine Behauptung schlecht direkt beweisen; dann könnte es immer noch via Widerspruch des Gegenteils klappen: indirekt, was wie folgt funktioniert –

Kontrapositions-Logik:

$$l \longrightarrow r \iff \neg r \longrightarrow \neg l.$$

Dies kann man sich leicht via „wenn-dann" oder/und einer *boole*schen Wahrheits-Tafel vergegenwärtigen.

Von den vier möglichen Werte-Belegungen für das Pärchen (l, r) evaluiert die *Implikation* $[\longrightarrow]$ nur im Fall $(1, 0)$ zu `false`.

1.4   Zähltechniken

Dies ist mein hiesiger Lieblings-Abschnitt – und zentral für weitere Themen, wie Wahrscheinlichkeits-Theorie (Kombinatorik des Stichproben-Raums im Nenner) oder für die Spiele-Programmierung (ob mit oder ohne künstliche Intelligenz ☺).

Summen-Regel

Gegeben seien m Fälle à n_i $(1 \leq i \leq m)$ verschiedener Optionen; dann ist die (An-)Zahl differierender Möglichkeiten

$$z = \sum_{i:=1}^{m} n_i.$$

Betrachten wir ein Mini-Informatik-Beispiel:

Die (Zeichen-)Länge l eines Zugangs-Kennwortes soll zwischen 1 und 3 liegen; bei $l := 1$ darf beliebig eine Ziffer oder ein Vokal benutzt werden, bei $l := 2$ muss eine Ziffer vorangestellt werden und bei $l := 3$ zusätzlich vorne ein Vokal stehen.

Frage: Wie viele Kennwort-Möglichkeiten gibt es?

Antwort:

$$z = \sum_{i:=1}^{3} n_i = |\{0, 1, 2, \ldots, 9\} \cup \{a, e, i, o, u\}| + 10 \cdot 15 + 5 \cdot 150$$

$$= 15 \cdot (1 + 10 + 5 \cdot 10) = 15 \cdot 61 = 915.$$

Zusatz-Frage:

Welches z ergibt sich, wenn wir die Zeichenkette nun von der anderen Seite kommend entwickeln, d. h. bei $l := 1$ zunächst einen Vokal fordern, bei $l := 2$ dahinter eine Ziffer verlangen und bei $l := 3$ abschließend entweder eine Ziffer oder einen Vokal vorsehen? Bevor Sie's ausrechnen: Wird nicht eh das Gleiche dabei herauskommen? Hier nun die

Zusatz-Antwort:

$$z = \sum_{i:=1}^{3} n_i = 5 + 5 \cdot 10 + 50 \cdot 15$$

$$= 5 \cdot (1 + 10 + 10 \cdot 15) = 5 \cdot 161 = 805 \neq 915.$$

(Einer der 3 in der Summen-Formel genannten Summanden ist jedoch selbstverständlich identisch mit dem gleichnamigen Summanden aus der ersten Antwort. Welches n_i ist's?)

Produkt-Regel

Gegeben seien m (unterschiedliche) Schritte (Positionen) à n_i ($1 \le i \le m$) verschiedener Optionen (bzw. Belegungen); dann ist die (An-)Zahl differierender Möglichkeiten

$$z = \prod_{i:=1}^{m} n_i.$$

Betrachten wir ein Standard-Beispiel der Informatik:
die Bestimmung der (An-)Zahl der Kodier-Möglichkeiten eines m-stelligen Bit-Vektors (Binär-Zeichenkette mit vorgegebener Länge $l := m$ und Belegungs-Optionen auf jeder Position aus der 2-wertigen Menge $\mathcal{B} := \{0, 1\}$).

Frage: Wie viele Kodier-Möglichkeiten gibt es?
Antwort:

$$z = \prod_{i:=1}^{m} n_i = |\mathcal{B}|^m = 2^m \ (= |\mathcal{B}^m|).$$

Quotienten-Regel

Gegeben sei eine Aufteilung einer n-elementigen Menge S in gleichgroße Teilmengen à $(0 <) \ m \ (< n)$ Elemente; dann ist die (An-)Zahl dieser Teilmengen

$$z = \frac{n}{m}.$$

Betrachten wir ein interessantes Beispiel aus der Welt der *Permutationen* (genauer im gleich folgenden Abschn. „Permutationen"): die (An-)Zahl unterschiedlicher zyklischer Vertauschungen m verschiedener Elemente.

Frage:
Wie viele verschiedene Möglichkeiten der Anordnung, bezogen auf „befindet sich genau 1 Position links (bzw. „rechts", je nach Blick-Richtung) neben", von m Personen an einem Rund-Tisch gibt es, wobei es auf die Zuordnung zu Tisch-Positionen selbst nicht ankommt?

Antwort („!" steht für die „Fakultät", ausführlich ab Abschn. „Permutationen"):

$$z = n/m = m!/m = (m - 1)! \cdot m/m = (m - 1)! \,.$$

Erläuterung:
$S :=$ Menge aller möglichen Anordnungen von m Personen; $|S| = m! =: n$. Jeweils m Rund-Anordnungen bilden eine Äquivalenz-Klasse von ineinander überführbaren gleich-guten Anordnungen, vertreten durch 1 Repräsentanten. Dann gibt $z = n/m$ die (An-)Zahl unterschiedlicher Repräsentanten an, also die # Äquivalenz-Klassen, wobei jede eine Teilmenge aller Anordnungen nur zyklisch verschobener Elemente darstellt.

Schubfach-Prinzip

Diese einfache, jedoch sehr nützliche, Überlegung (aus 1834 – Johann Peter Gustav Lejeune Dirichlet) ist auch bekannt unter dem Begriff „pigeonhole principle" bzw. „Verteilung in Taubenhöhlen": t T auben fliegen in h H öhlen; dann gibt es zumindest 1 Höhle mit mindestens folgender Anzahl Tauben:

$$z = \left\lceil \frac{t}{h} \right\rceil \,.$$

$\lceil r \rceil$ realisiert dabei eine Rundung nach oben, zur kleinsten natürlichen Zahl größer oder gleich r.

Beispiel: Prüfungs-Organisation
$t :=$ # Studen$t$INNen, $h :=$ # Prüfungs-Räumlichkeiten.

Dann ist es nicht möglich, dass in jedem Prüfungsraum weniger als z Studierende sitzen; positiv formuliert: es gibt (zumindest) 1 Raum mit mindestens $z := \lceil t/h \rceil$ Studierenden.

Illustration: Gegeben sind die Werte $t := 65$ und $h := 3$.
Frage: Welche Zahl ergibt sich für z?
Antwort:

$$z = \left\lceil \frac{65}{3} \right\rceil = \left\lceil \frac{63+2}{3} \right\rceil = \left\lceil 21 + \frac{2}{3} \right\rceil = 22.$$

Es reicht nicht aus, in jeden Raum nur 21 Stühle zu platzieren; zumindest in einem Raum müssen mindestens 22 stehen (nicht Studierende, ☺ sondern Stühle zur Verfügung).

Permutationen

Hier geht es um die Anzahl verschiedener Reihenfolgen von n Objekten; sind alle n verschieden, bietet sich folgende Überlegung an: Objekt 1 hat natürlich nur 1 Reihenfolge. Objekt 2 kann vor das erste oder hinter das erste Objekt platziert werden: $1 \cdot 2 = 2$. Objekt 3 kann vor's erste, vor's zweite oder hinter's zweite gesetzt werden, unabhängig der 2 Möglichkeiten der Platzierung dieser zwei anderen Objekte – also $2 \cdot 3 = 6$. Objekt 4 kann vor's erste, vor's zweite, vor's dritte oder hinter's dritte gelegt werden, unabhängig der 6 Möglichkeiten der Platzierung dieser drei anderen Objekte, demnach $6 \cdot 4 = 24$, usw. Das Ergebnis ergibt sich per inkrementellem Produkt:

$$1 \cdot 2 \cdot 3 \cdot \ldots \cdot n =: \prod_{i:=1}^{n} i =: n!$$

– genannt „n-Fakultät". Dabei gilt: $0! = 1$, da $(n-1)! = n!/n_{[>0]}$. Die nächsten 7 Fälle sollte man auch noch parat haben, zur Not via $n! := (n-1)! \cdot n_{[>0]}$: ..., $7! = 5040$. Die Fakultät liefert früh große Werte; diese Funktion wächst gar exponentiell, was einfach zu sehen ist ($n! = \prod_{i:=1}^{n} i >_{[n \geq 4]} \prod_{i:=1}^{n} 2 = 2^n$; bei i wächst der Faktor weiter – bei 2 nicht). So ist bspw. $13!$ bereits $6.227.020.800$ und $70! > 10^{100}$ (=: 1 „Googol").

Wie viele sichtbar verschiedene *Anordnungen* von n Objekten gibt es jedoch, wenn einige gleich sind – wenn gar mehrere verschiedene Gruppen jeweils identischer Objekte existieren?

Wir hätten k_1 Objekte des Typs 1, k_2 des Typs 2, k_3 des Typs 3, usw., k_j des Typs j; $\sum_{i:=1}^{j} k_i =: n$. Die gesuchte Lösung bringt uns der sogenannte

Multi-Nomial-Koeffizient:

$$a_{n,(k_1,\ldots,k_j)} = \frac{(\sum_{i:=1}^{j} k_i)!}{k_1! \cdot \ldots \cdot k_j!} = \frac{n!}{\prod_{i:=1}^{j}(k_i!)}.$$

Hier bildet man Cluster gleicher Güte, sogenannte Äquivalenz-Klassen, Mengen gleichwertiger Gebilde; dividiert man nun durch deren jeweilige Kardinalität, erhält man die Anzahl der verschiedenen Gebilde.

Wie sieht es aus, wenn man nur irgendwelche k ($\leq n$) Objekte permutiert (verschieden stellt)? Diese Zahl nennt man

Permutations-Koeffizient:

$$P(n,k) = \frac{n!}{(n-k)!},$$

da es auf die verschiedenen Platzierungen der restlichen $n - k$ Objekte nicht ankommt.

Ein anderer Name hierfür ist *fallende Faktorielle* von n auf k:

$$n^{\underline{k}} = \frac{n!}{(n-k)!} = \frac{(n-k)! \cdot \prod_{i:=1}^{k}(n-k+i)}{(n-k)!} = \prod_{i:=0}^{k-1}(n-i).$$

• Kombinationen

Hier geht es um die Anzahl („#") verschiedener Auswahlen von k aus n Objekten, also wie viele k-elementige Teilmengen sich aus einer n-elementigen Grundmenge bilden lassen – # verschiedener Kombinationen (engl.: *combinations*); dies wird durch den *Kombinations-Koeffizienten* $C(n, k)$ ausgedrückt. Der geläufigere Name lautet: „Binomial-Koeffizient" – gesprochen „n über k"; formel-mäßig ergibt er sich wie folgt:

$$\binom{n}{k} = \frac{n!}{k! \cdot (n-k)!} \left[= \begin{cases} 0; & n < k \ \text{(definiert)} \\ 1; & (n = k) \vee (n \geq k = 0) \end{cases} \right].$$

Hier kommt es nicht auf die Reihenfolge der gewählten k Objekte an, weshalb 1 Repräsentant als Vertreter dieser $k!$ möglichen Reihungen ausreicht – was man dadurch erreicht, indem man den Permutations-Koeffizienten durch $k!$ (die

Kardinalität dieser Äquivalenz-Klasse [enthält ausschließlich gleichwertige Elemente]) dividiert:

$$C(n, k) = \frac{P(n, k)}{k!}.$$

Anwendung$_A$: # Aufteilungen:

Wir wollen wissen, wie viele verschiedene Spieler-Aufteilungen es beim Fußball-Training gibt, wenn man hälftig aufteilt (so gut es halt geht) – dabei also jede/r mal in einer anderen Team-Formation spielt:

$$S := Spieler - Menge, s := |S| > 1;$$

p_s := # (hälftiger) Partitionen
von s Spielern in etwa gleichgroße Mannschaften M_1 mit $|M_1| =: m_1$ und M_2 mit $|M_2| =: m_2$ ($|m_1 - m_2| \leq 1$), um bspw. die Anzahl verschiedener Trainings-Spiele zu kennen, bei denen es dabei jeweils zu einer anderen Team-Konstellation kommt.
$h_s := \binom{s}{\lfloor \frac{s}{2} \rceil}$. Dabei signalisiert $\lfloor \ldots \rceil$ „beliebig runden".

Behauptung 1:

$$p_s := \begin{cases} \frac{h_s}{2}; & s \text{ gerade} \\ h_s; & s \text{ ungerade.} \end{cases}$$

Beweis 1:

1. s gerade: $h_s := \binom{s}{\frac{s}{2}}$ liefert die # Möglichkeiten, Teams der Größe $s/2$ zu bilden; da 2 Mannschaften gegeneinander spielen, zählen wir nur die Team-Pärchen: $h_s/2$.
   Beispiel: $s := 6$,

$$p_6 := |\{([a, b, c], [d, e, f]), ([a, b, d], [c, e, f]),$$
$$([a, b, e], [c, d, f]), ([a, b, f], [c, d, e]),$$
$$([a, c, d], [b, e, f]), ([a, c, e], [b, d, f]),$$
$$([a, c, f], [b, d, e]), ([a, d, e], [b, c, f]),$$
$$([a, d, f], [b, c, e]), ([a, e, f], [b, c, d])\}|$$
$$= 10 = \frac{\binom{6}{3}}{2}.$$

2. s ungerade: Notation: $\lfloor r \rfloor$ realisiert eine Rundung nach unten, zur größten natürlichen Zahl kleiner/gleich r.

Mathematisch ergibt sich zwar aufgrund der Binomial-Symmetrie $\left(\begin{smallmatrix} s \\ \lfloor\frac{s}{2}\rfloor \end{smallmatrix}\right) = \left(\begin{smallmatrix} s \\ \lceil\frac{s}{2}\rceil \end{smallmatrix}\right)$, jedoch ist es einer Spielerin nicht egal, ob sie in Unter- oder Überzahl agiert – weshalb der mittlere (zentrale, maximale) Binomial-Koeffizient in beiden Varianten voll zum Tragen kommt.

Beispiel: $s = 5$,

$$
\begin{aligned}
p_5 := |\{ & ([a,b], [c,d,e]), ([a,c], [b,d,e]), \\
          & ([a,d], [b,c,e]), ([a,e], [b,c,d]), \\
          & ([b,c], [a,d,e]), ([b,d], [a,c,e]), \\
          & ([b,e], [a,c,d]), ([c,d], [a,b,e]), \\
          & ([c,e], [a,b,d]), ([d,e], [a,b,c])\}| \\
        = & \ 10 = \binom{5}{\lfloor\frac{5}{2}\rfloor} = p_{(6-1)}.
\end{aligned}
$$

Behauptung 2:

$s := u$ ungerade, $u + 1 =: g$ gerade ($\Longleftrightarrow g - 1 = u$) $\Longrightarrow p_g = p_u$

Beweis 2:

$$
\begin{aligned}
p_g &= \frac{h_g}{2} = \frac{\binom{g}{g/2}}{2} \underset{\text{Dreieck}}{=}^{\text{Pascal-}} \frac{\binom{g-1}{\frac{g}{2}} + \binom{g-1}{\frac{g}{2}-1}}{2} \underset{\text{Symm.}}{=}^{\text{Bin.-}} \\
    &= \frac{\binom{g-1}{g/2} \cdot 2}{2} = \binom{u}{g/2} = \binom{u}{\lceil\frac{g-1}{2}\rceil} \underset{\text{Symm.}}{=}^{\text{Bin.-}} \binom{u}{\lfloor\frac{g-1}{2}\rfloor} \\
    &=: \binom{u}{\lfloor\frac{u}{2}\rfloor} = h_u = p_u.
\end{aligned}
$$

Beispiel (siehe Beweis 1): $p_g := p_6 = 10 = p_5 = p_{(6-1)} =: p_u$.

Anwendung$_\text{B}$: # Trajektorien:

Gegeben sei eine rechteckig-punktierte Gitter-Struktur, bspw. Pixel-Punkte beim Game-Design; der Ausgangs-Punkt A liegt bei $(a_x|a_y)$ und der Ziel-Punkt Z bei $(z_x|z_y)$; des Weiteren gibt es zwei Dienst- und Service-Stationen D und S, von denen mindestens eine auf dem Weg von A nach Z bedient wird.

Die Fragestellung lautet: Wie viele verschiedene Optimal-Wege (kürzester Länge) sind dabei möglich? Welche Zahl ergibt sich konkret bei folgender Belegung: $A(0|0)$, $D(3|1)$, $S(5|2)$, $Z(8|6)$?

Lösung (Hinweis zur konkreten Zahl: $1234 < L < 1324$):

$w_{P_1 B P_2} := \#\ Wege\ P_1 \longrightarrow P_2$, ggf. via *Bedien-Punkt(e) B*.

Allg.:

$$w_{A|D \vee S|Z} := w_{AD} \cdot w_{DZ} + w_{AS} \cdot w_{SZ} - w_{AD} \cdot w_{DS} \cdot w_{SZ}$$

$$:=\ _{A:=(0|0)}\ \binom{|d_x - a_x| + |d_y - a_y|}{|d_x - a_x|} \cdot \binom{|z_x - d_x| + |z_y - d_y|}{|z_x - d_x|}$$

$$+ \binom{|s_x - a_x| + |s_y - a_y|}{|s_x - a_x|} \cdot \binom{|z_x - s_x| + |z_y - s_y|}{|z_x - s_x|}$$

$$- \binom{d_x + d_y}{d_x} \cdot \binom{|s_x - d_x| + |s_y - d_y|}{|s_x - d_x|} \cdot \binom{|z_x - s_x| + |z_y - s_y|}{|z_x - s_x|}$$

Kleine Erläuterung zu diesem Binomial-Koeffizienten-Muster, hier beispielhaft für den ersten Ausdruck in der letzten Zeile: Ausgehend vom Koordinaten-Ursprung gehen wir mathematisch betrachtet insgesamt $d_x + d_y$ Schritte, egal wann in welche(r) Richtung. Davon wählen wir d_x Schritte aus, die wir nicht in y-Richtung nach oben, sondern nach rechts gehen; alternativ $\binom{d_x + d_y}{d_y}$: wir wählen aus der Distanz-Summe d_y Schritte aus, die wir nicht in x-Richtung nach rechts, sondern nach oben gehen, was ja aufgrund der Binomial-Symmetrie identisch ist. Einen Joystick im achsen-parallelen Gitter bspw. bewegen wir so nur $d_x + d_y - d_y = d_x$ nach rechts bzw. $d_x + d_y - d_x = d_y$ nach oben.

Zwischen-Frage [Antwort etwas weiter unten ☺]:

Warum wird oben das letzte Produkt mit 3 Faktoren subtrahiert?

Konkret:

$$w_{A|D \vee S|Z} := \binom{3 + 1}{3} \cdot \binom{[8 - 3] + [6 - 1]}{8 - 3}$$

$$+ \binom{5 + 2}{5} \cdot \binom{[8 - 5] + [6 - 2]}{8 - 5}$$

$$- \binom{4}{3} \cdot \binom{[5 - 3] + [2 - 1]}{5 - 3} \cdot \binom{3 + 4}{3}$$

$$= \binom{4}{3} \cdot \binom{5 + 5}{5} + \binom{7}{5} \cdot \binom{3 + 4}{3} - \binom{4}{4 - 3} \cdot \binom{2 + 1}{2} \cdot \binom{7}{3}$$

$$= 4 \cdot \frac{5! \cdot 6 \cdot 7 \cdot 8 \cdot 9 \cdot 10}{5! \cdot (10 - 5)!} + \frac{6 \cdot 7}{2} \cdot \frac{7!}{3! \cdot (7 - 3)!} - 4 \cdot 3 \cdot \frac{7!}{3! \cdot 4!}$$

$$= 4 \cdot \frac{6 \cdot 7 \cdot (4 \cdot 2) \cdot 9 \cdot (5 \cdot 2)}{5!} + 21 \cdot \frac{4! \cdot 5 \cdot 6 \cdot 7}{4! \cdot 3!} - 12 \cdot (5 \cdot 7)$$

$$= 4 \cdot \frac{6}{3!} \cdot 7 \cdot \frac{4}{4} \cdot 2 \cdot 9 \cdot \frac{5}{5} \cdot 2 + 21 \cdot 35 - 12 \cdot 35$$

$$= 4 \cdot 7 \cdot 2 \cdot 9 \cdot 2 + (21 - 12) \cdot 35$$

$$= 112 \cdot 9 + 35 \cdot 9$$

$$= 147 \cdot (10 - 1)$$

$$= 1470 - 147$$

$$= 1323 \ [<\smile \ 1324]$$

Antwort auf obige Zwischen-Frage:
Das mittlere Teil-Stück wurde durch die Summe 2-fach gezählt, weshalb wir noch das Ganze durch 1-maliges Subtrahieren neutralisieren mussten; die Technik heißt „Ein-/Ausschluss", siehe hierzu auch meine im Anschluss genannte Literatur-Referenz. $\smile$

Anwendung$_\mathrm{C}$: Ziehen mit Zurücklegen/geben („mit Wiederholung"):
    Eine zunächst überraschend anmutende Formel ergibt sich, wenn aus einem hinreichend großen Vorrat eine Objekt-Art mehrfach gewählt werden kann:
Lassen wir doch einfach gleich zu Anfang ein leicht vorstellbares Alltags-Beispiel vom Stapel:
    2 Pärchen gehen in eine Bar, in der es 6 Getränke-Sorten zur Auswahl gibt: *B*ier (=: *b*), *M*ojito (=: *m*), *O*rangensaft (=: *o*), *S*ekt (=: *s*), *T*ee (=: *t*) und *W*asser (=: *w*); von jeder Sorte ist genug da $\smile$, jede/r darf wahlfrei nach Belieben (unabhängig der Wahl der Anderen) genau 1 ordern. Die Barkeeperin notiert sich lediglich die Anzahl der jeweils bestellten Sorte, nicht was für wen genau. Möglicherweise schreibt sie traditional-style-like auf einem Zettel in die Kopf-Zeile die Getränke-Sorten, jeweils per Strich voneinander getrennt, und in jede Sorten-Spalte so viele $\times$ wie Getränke der entsprechenden Sorte bestellt sind. Wir bauen mal folgendes Szenario auf:

b	m	o	s	t	w
	×	×	×	×	

Mit dieser *most*-Kombi mag der Abend dann so überraschend beginnen $\smile$ wie die zu erarbeitende Formel nachher endet. . . . Ok, hier eine andere Bestell-Tabelle:

b	m	o	s	t	w
	× ×		× ×		

Was sehen wir? (Sieht auf jeden Fall in der Bar besser aus ⌣.) Mathematisch finden sich in beiden Tabellen in der Bestell-Zeile 9 Symbole: 4 × und 5 |. Die 4 Gäste wählen aus einer potenziell irgendwie anzuordnenden 9er-Symbol-Kombinatorik 4 Getränke-× (nicht die theoretisch möglichen | [obwohl sich aufgrund der Binomial-Symmetrie die gleiche Anzahl ergäbe]); diese 4 × werden nach Belieben ausgewählt und platziert.

Frage: Wie viele verschiedene Bestellungen wären möglich?

Antwort:

Bei n Sorten und daher $n - 1$ Trenn-| sowie l Leuten ergibt sich die Berechnung der Bestell-Kombinatorik daher wie folgt:

$$\binom{[n-1]+l}{l} =: \left(\binom{n}{l} \right)$$

In einer sogenannten gut sortierten Bar stellt sich die Keeperin nun auf (zunächst ⌣) 1 von 126 Bestellungen ein:

$$\binom{[6-1]+4}{4} = \binom{5+4}{4} = \binom{9}{9-4} = \frac{5! \cdot 6 \cdot 7 \cdot 8 \cdot 9}{5! \cdot 4!}$$
$$= \frac{6 \cdot 7 \cdot (4 \cdot 2) \cdot 9}{3! \cdot 4} = 7 \cdot 2 \cdot 9$$
$$= 14 \cdot (10 - 1) = 140 - 14 = 126.$$

Ohne Tee $[n := 6 - 1]$ wären's bei 1 Pärchen $[l := 4/2]$ $\left(\binom{5}{2} \right)$

$$= \binom{[5-1]+2}{2} = \binom{4+2}{2} = \binom{6}{2}$$
$$= \frac{6}{2} \cdot 5 = 3 \cdot 5 = 15$$
$$= |\{[b,b], [b,m], [b,o], [b,s], [b,w], [m,m], [m,o], [m,s],$$
$$[m,w], [o,o], [o,s], [o,w], [s,s], [s,w], [w,w]\}|.$$

Bar-Abschluss/Aus-Gang:

Dies möge der erste Bar-Gang gewesen sein. Wie viele Bestell-Kombis würden die Gäste wohl bei einer Verknappung des Angebots auf die Auswahl-Menge $\{b, m, s\}$ nach dem g-ten Gang in der dann vorherrschenden Lage sein zu eruieren? Spätestens bei streng monoton wachsendem g befürchtet die Barkeeperin das nahende „Ziehen mit *Zurückgeben*"... ⌣

Aufgabe:
Warum wäre in der Original-Konstellation mit $n := 6$ und $l := 4$ die Antwort 6^4 (neben vielen anderen) falsch gewesen?

Lösung:
6^4 ordnet mit jedem 4-Tupel den Gästen das persönlich ausgesuchte Getränk personalisiert zu; die beispielhafte Zuordnung (t_1, s_2, o_3, m_4) wäre von (s_1, o_2, m_3, t_4) verschieden, obgleich es für die Bedienerin einfach auf $[m, o, s, t]$ hinausläuft.

All-in

Nun sind wir fast am Ende ‿ dieses Unter-Abschnitts angelangt. Geben wir jetzt noch mal Alles – und besprechen ein Zähl-Problem, dessen Beleuchtung viele der bisher dargebotenen Techniken an's Licht bringt:

Aufgabe:
Bestimme die Anzahl w der Wörter (aus Buchstaben bzw. Ziffern), deren Länge l zwischen l_1 (> 0) und l_2 ($\geq l_1$) liegt, und dabei mindestens 1 Ziffer aufweisen. Berechne w auch noch für die konkrete Ausprägung $l_1 := 1$ in Verbindung mit $l_2 := 3$. Hinweis: Es sind zwei Varianten denkbar – „destruktiv" von allen möglichen Belegungen ausgehend die unerwünschten zu entfernen oder „konstruktiv" gleich nur die erwünschten zu bilden. Beweise sodann beide geschlossenen Formeln und auch die Äquivalenz der zwei Varianten. Nutze folgende Notation:

$B :=$ Buchstaben $:= \{a, \ldots, z\}$, $|B| =: \beta = 26$

$D :=$ („digits") Ziffern $:= \{0, \ldots, 9\}$, $|D| =: \delta = 10$

$A :=$ Alphabet aller Symbole, $A := B \cup D$

$\alpha := |A| =_{\text{Partition}} \beta + \delta = 36$

$l :=$ Länge eines Wortes (> 0)

$w :=$ Wörter-Anzahl (# o. g. Zeichenketten)

$w(l_2) :=$ # Wörter bis zur (Höchst-)Länge l_2 ($\geq$ Mindest-Länge $l_1 > 0$).

Lösung:

1. Variante:

Für die $(l_2 - l_1 + 1)$ verschiedenen Kennwort-Längen werden von allen Belegungs-Möglichkeiten jeweils diejenigen entfernt, welche ausschließlich Buchstaben tragen; es verbleiben genau die Wörter, welche mindestens 1 Ziffer haben:

$$w_1 := \sum_{l:=l_1}^{l_2} (\alpha^l - \beta^l).$$

Hintergrund:
Verschiedene Wort-Längen produzieren unterschiedliche Kenn-Wörter; es liegt eine Partition vor – wir erzielen demnach die Anzahl Möglichkeiten dieser Fälle über die Summen-Regel, weil bei der Erhöhung der Wort-Längen neue Kodierungen einfach hinzukommen. Die Differenz ergibt sich aufgrund der Notwendigkeit, von allen prinzipiell möglichen Belegungen die reinen Buchstaben-Kennungen auszublenden; die Kombinatorik dieser beiden Symbol-Typen einzeln betrachtet entstammt schlussendlich dem jeweiligen Cartesischen Produkt. Konkret:

$$w_1(3) := \sum_{l:=1}^{3} (36^l - 26^l)$$
$$= (36^1 - 26^1) + (36^2 - 26^2) + (36^3 - 26^3)$$
$$= 10 + 620 + 29.080 = 29.710.$$

2. Variante:

Mindestens eine Ziffer zu haben bedeutet genau 1, genau 2, usw., bis genau l_2 Ziffern zu tragen – bzgl. der möglichen Kennwort-Längen, beginnend bei l_1:

$$w_2 := \sum_{l:=l_1}^{l_2} \sum_{i:=1}^{l} \binom{l}{i} \cdot \delta^i \cdot \beta^{(l-i)}.$$

Hintergrund:
Verschiedene Wort-Längen produzieren unterschiedliche Kenn-Wörter; es liegt eine Partition vor – wir erzielen demnach die Anzahl Möglichkeiten dieser Fälle über die Summen-Regel, abgebildet über das äußere Summen-Zeichen. Die innere Summe repräsentiert die Partition der Fälle hinsichtlich der genauen Anzahl der auftretenden Ziffern bzgl. jeweils vorliegender Wort-Länge l. Der Binomial-Koeffizient bringt die Anzahl des Auswählens, genau i der l Positionen mit einer Ziffer zu besetzen; bei i beteiligten Ziffern stellt δ^i über's Cartesische Produkt die Ziffern-Kombinatorik dar,

und auf den restlichen $l-i$ Positionen ergeben sich entsprechend $\beta^{(l-i)}$ Buchstaben-Kombinationen. Diese drei Teile werden aufgrund der Produkt-Regel miteinander multipliziert. Konkret:

$$
\begin{aligned}
w_2(3) :=& \sum_{l:=1}^{3} \sum_{i:=1}^{l} \binom{l}{i} \cdot 10^i \cdot 26^{(l-i)} \\
:=& \sum_{i:=1}^{1} \binom{1}{i} \cdot 10^i \cdot 26^{(1-i)} + \sum_{i:=1}^{2} \binom{2}{i} \cdot 10^i \cdot 26^{(2-i)} \\
& + \sum_{i:=1}^{3} \binom{3}{i} \cdot 10^i \cdot 26^{(3-i)} \\
=& \binom{1}{1} \cdot 10^1 \cdot 26^{(1-1)} \\
& + \left[\binom{2}{1} \cdot 10^1 \cdot 26^{(2-1)} + \binom{2}{2} \cdot 10^2 \cdot 26^{(2-2)} \right] \\
& + \left[\binom{3}{1} \cdot 10^1 \cdot 26^{(3-1)} + \binom{3}{2} \cdot 10^2 \cdot 26^{(3-2)} + \binom{3}{3} \cdot 10^3 \cdot 26^{(3-3)} \right] \\
=& \quad 10 + (2 \cdot 10 \cdot 26 + 1 \cdot 100 \cdot 1) \\
& + (3 \cdot 10 \cdot 26^2 + 3 \cdot 100 \cdot 26 + 1 \cdot 1000 \cdot 1) \\
=& \quad 10 + 620 + 29.080 = 29.710.
\end{aligned}
$$

Es gilt: $w_1(3) = w_2(3)$.

Behauptung: $w_1(l_2) = w_2(l_2)$
Beweis: Induktion über l_2

- Basis: $l_2 := l_1 := 1$
  - Prinzip$_1$: $w_1(1) := \delta$
    [auf 1 Position kommen δ Ziffern in Frage]
  - Formel$_1$:

$$
w_1(1) := \sum_{l:=1}^{1} (\alpha^l - \beta^l) := \alpha^1 - \beta^1 = \delta \,\hat{=}\, \text{Prinzip}_1
$$

- Prinzip$_2$ = Prinzip$_1$
- Formel$_2$:

$$w_2(1) := \sum_{l:=1}^{1} \sum_{i:=1}^{l} \binom{l}{i} \cdot \delta^i \cdot \beta^{(l-i)} := \binom{1}{1} \cdot \delta^1 \cdot \beta^{(1-1)} \;\hat{=}_\delta\; \text{Prinzip}_2$$

- $w_1(1) = w_2(1)$ – ok

- Hypothese:

$$w_1(l_2-1) = w_2(l_2-1) \;\hat{=}\; \sum_{l:=l_1}^{l_2-1} \alpha^l - \beta^l = \sum_{l:=l_1}^{l_2-1} \sum_{i:=1}^{l} \binom{l}{i} \cdot \delta^i \cdot \beta^{(l-i)}$$

- Schritt: $(l_1 \le)\; l_2 - 1 \longrightarrow l_2\; (> l_1)$
  - Prinzip$_1$:

$$\begin{aligned} w_1(l_2) :=_{\text{Partition}}\; & w_1(l_2-1) + (\alpha^{l_2} - \beta^{l_2}) \\ \stackrel{!}{:=}\; & \sum_{l:=l_1}^{l_2-1} (\alpha^l - \beta^l) + (\alpha^{l_2} - \beta^{l_2}) \\ =\; & \sum_{l:=l_1}^{l_2} (\alpha^l - \beta^l) \end{aligned}$$

  - Formel$_1$:

$$w_1(l_2) := \sum_{l:=l_1}^{l_2} (\alpha^l - \beta^l) \;\hat{=}\; \text{Prinzip}_1$$

  - Prinzip$_2$:

$$\begin{aligned} w_2(l_2) :=_{\text{Partition}}\; & w_2(l_2-1) + \sum_{i:=1}^{l_2} \binom{l_2}{i} \cdot \delta^i \cdot \beta^{(l_2-i)} \\ \stackrel{!}{:=}\; & \sum_{l:=l_1}^{l_2-1} \sum_{i:=1}^{l} \binom{l}{i} \cdot \delta^i \cdot \beta^{(l-i)} \end{aligned}$$

$$+ \sum_{i:=1}^{l_2} \binom{l_2}{i} \cdot \delta^i \cdot \beta^{(l_2-i)}$$

$$= \sum_{l:=l_1}^{l_2} \sum_{i:=1}^{l} \binom{l}{i} \cdot \delta^i \cdot \beta^{(l-i)}$$

– Formel$_2$:

$$w_2(l_2) := \sum_{l:=l_1}^{l_2} \sum_{i:=1}^{l} \binom{l}{i} \cdot \delta^i \cdot \beta^{(l-i)} \stackrel{\wedge}{=} \text{Prinzip}_2$$

– wechselseitiges Zusammenstecken $\implies$ Behauptung:

1. Wir formen w_1 auf der Grundlage von w_2 über das Prinzip von w_1:

$$w_1(l_2) := \sum_{l:=l_1}^{l_2} (\alpha^l - \beta^l)$$

$$:= w_2(l_2 - 1) + \left[\alpha^{l_2} - \beta^{l_2} \right]$$

$$= w_2(l_2 - 1) + \left[(\delta + \beta)^{l_2} - 1 \cdot 1 \cdot \beta^{l_2} \right]$$

$$\underset{\substack{\text{Binom.}\\\text{Lehrsatz}}}{=}$$

$$w_2(l_2 - 1)$$

$$+ \left[\sum_{i:=0}^{l_2} \binom{l_2}{i} \cdot \delta^i \cdot \beta^{(l_2-i)} - \binom{l_2}{0} \cdot \delta^0 \cdot \beta^{(l_2-0)} \right]$$

$$:= \sum_{l:=l_1}^{l_2-1} \sum_{i:=1}^{l} \binom{l}{i} \cdot \delta^i \cdot \beta^{(l-i)} + \sum_{i:=1}^{l_2} \binom{l_2}{i} \cdot \delta^i \cdot \beta^{(l_2-i)}$$

$$= \sum_{l:=l_1}^{l_2} \sum_{i:=1}^{l} \binom{l}{i} \cdot \delta^i \cdot \beta^{(l-i)} =: w_2(l_2)$$

2. Wir formen w_2 auf der Grundlage von w_1 über das Prinzip von w_2:

$$w_2(l_2) := \sum_{l:=l_1}^{l_2} \sum_{i:=1}^{l} \binom{l}{i} \cdot \delta^i \cdot \beta^{(l-i)}$$

$$:= w_1(l_2 - 1) + \sum_{i:=1}^{l_2} \binom{l_2}{i} \cdot \delta^i \cdot \beta^{(l_2-i)}$$

$$= w_1(l_2 - 1)$$

$$+ \left[\sum_{i:=0}^{l_2} \binom{l_2}{i} \cdot \delta^i \cdot \beta^{(l_2-i)} - \binom{l_2}{0} \cdot \delta^0 \cdot \beta^{(l_2-0)} \right]$$

$$\underset{\substack{\text{Binom.} \\ \text{Lehrsatz}}}{=}$$

$$w_1(l_2 - 1) + \left[(\delta + \beta)^{l_2} - 1 \cdot 1 \cdot \beta^{l_2} \right]$$

$$:= \sum_{l:=l_1}^{l_2-1} (\alpha^l - \beta^l) + (\alpha^{l_2} - \beta^{l_2})$$

$$= \sum_{l:=l_1}^{l_2} (\alpha^l - \beta^l) =: w_1(l_2)$$

Rekurrenz-Relation

Dass Diskrete Mathematik Kreativ-Tools bereithält, darauf muss man auch erst einmal kommen ◡: die Rekurrenz-Relation jedenfalls ist ein solches Ideen-Werkzeug. Dessen Ziel ist es, eine sequenzielle Rekursion bequem durch eine geschlossene Formel zu ersetzen. Dabei verändert sich der dazugehörige (Rekurrenz-)Parameter jeweils um 1 (ähnlich wie in einem Induktions-Beweis); dies kann die ursprüngliche Problemgröße n selbst oder ein anderer Ausdruck wie $\sqrt{n}$ oder $\mathrm{ld}(n)$ sein. Ausgehend von einem Start-Fall wird bei der sogenannten Vorwärts-Ersetzung immer der nächstgrößere Fall generiert (bis hin zur eigentlichen Problemgröße), bei der Rückwärts-Ersetzung startet man beim Ausgangsproblem und arbeitet sich zurück zum bereits vorliegenden Anker. (Welche Richtung man wählt, womit man am besten klarkommt, mag problem-abhängig sein.) Oft liegt noch nicht einmal die prinzipielle Rekursion vor, s. d. selbst diese erst noch herausgearbeitet werden muss. In beiden Herangehensweisen zählt man dabei die zu leistende Schritt-Anzahl, um die gewünschte Formel zu blicken. Wir fixieren's einfach mal an einem Beispiel.

Definition: 2-dimensionaler Torus (=: 2d-T):
Basierend auf dem Grund-Muster eines quadratischen Gitter-Netzes bestehend aus
r (# $r$ows) Reihen [Zeilen] (= # Spalten) und n (# $n$odes = r^2) K$n$oten (bspw.
Computer oder Ico$n$s), welche achsenparallel miteinander verbunden sind, werden
zusätzlich auch alle äußeren Knoten in beiden Dimensionen miteinander verbunden,
s. d. alle Knoten den einheitlichen Knoten-Grad (# Nachbarn) 4 haben; sinnhaft ist
das Ganze daher erst auf einer (3 × 3)-Matrix.

    Info: Ein 1d-T basiert auf einer linear verketteten Liste mit $n - 1$ Kanten als
Grund-Muster, wobei Start- und Ziel-Knoten zusätzlich miteinander verbunden
sind; er hat [$n - 1 + 1 =$] n Kanten: jeder der n Knoten ist mit je 1 Kante mit
2 Nachbarn verbunden, wobei eine ausgehende Kante bei einem Knoten eine ein-
gehende für den Nachbarn darstellt: $n \cdot 2/2 = n$ Kanten. Der Torus vermag den
Durchmesser, also die Distanz (:= kürzester Pfad) zwischen zwei maximal voneinander entfernten Punkten, einer Topologie zu verringern. Beispiel: Kontakt-Speicher
in altem Mobil-Telefon; wird er im Vergleich zu einer (veralteten) Linien-Liste nun
als (hier erläuterte) Ring-Struktur implementiert, so halbiert sich die längste Distanz.

    Aufgabe: # Verbindungen (=: v) im 2d-T
    Parameter: $\sqrt{n} = \sqrt{r^2} = r$;
    Anker: Start-Index $r_0 := 3$: $v_3 = 18$.

Diese Zahl erzielt man entweder durch Abzählen oder strukturiert [was hier nicht
so schwer ist – und man daher gar ohne Rekurrenz die geschlossene Formel vor-
blickt]: In 2 Dimensionen wird in allen 3 Reihen in jeder der restlichen $3 - 1$ Spalten
eine Verbindung eingezogen und zusätzlich noch die Außen-Knoten 1× vernetzt:
$2 \cdot \{3 \cdot [(3 - 1) + 1]\} = 2 \cdot 3^2 = 18$.
Rekursion:
    Aufbauend auf einer um 1 kleineren Struktur werden (in beiden Dimensionen)
nach der letzten ($r - 1$)ten Reihe (bzw. Spalte) der bisherigen $r - 1$ Spalten (bzw.
Zeilen)-Enden 2 Verbindungen zur Anbindung der neuen Knoten für beide Richtungen und 1 für die weitere Außen-Kante addiert:

$$v_{r_{[>3]}} := v_{r-1} + 2 \cdot [(r - 1) \cdot 2 + 1]$$
$$= v_{r-1} + 2 \cdot (2r - 1) = v_{r-1} + 4r - 2$$

Rückwärts-Ersetzung:

$$v_r := [v_{r-1}] + [4r - 2]$$
$$\{ =_{\text{sichtbar}}^{\text{nachher}} \; v_{r-1} + 1 \cdot 4r - 1 \cdot 2 = v_{\underline{r-1}} + \underline{1} \cdot 4r - \underline{1}^2 \cdot 2 \}$$

$$= [v_{r-2} + 4 \cdot (r-1) - 2] + [4r - 2]$$
$$= v_{r-2} + 4r - 4 - 2 + 4r - 2$$
$$= v_{r-2} + 8r - 8$$
$$\{=^{\text{nachher}}_{\text{sichtbar}} \ v_{r-2} + 2 \cdot 4r - 2 \cdot 4 = v_{r-\underline{2}} + \underline{2} \cdot 4r - \underline{2}^2 \cdot 2\}$$
$$= [v_{r-3} + 4 \cdot (r-2) - 2] + [8r - 8]$$
$$= v_{r-3} + 4r - 8 - 2 + 8r - 8$$
$$= v_{r-3} + 12r - 18$$
$$\{=^{\text{nachher}}_{\text{sichtbar}} \ v_{r-3} + 3 \cdot 4r - 3 \cdot 6 = v_{r-\underline{3}} + \underline{3} \cdot 4r - \underline{3}^2 \cdot 2\}$$
$$= [v_{r-4} + 4 \cdot (r-3) - 2] + [12r - 18]$$
$$= v_{r-4} + 4r - 12 - 2 + 12r - 18$$
$$= v_{r-4} + 16r - 32$$
$$\{=^{\text{nachher}}_{\text{sichtbar}} \ v_{r-4} + 4 \cdot 4r - 4 \cdot 8 = v_{r-\underline{4}} + \underline{4} \cdot 4r - \underline{4}^2 \cdot 2\}$$
$$= [v_{r-5} + 4 \cdot (r-4) - 2] + [16r - 32]$$
$$= v_{r-5} + 4r - 16 - 2 + 16r - 32$$
$$= v_{r-5} + 20r - 50$$
$$= v_{r-5} + 5 \cdot 4r - 5 \cdot 10$$
$$= v_{r-\underline{5}} + \underline{5} \cdot 4r - \underline{5}^2 \cdot 2$$
$$\vdots$$
$$=^{a \ :=}_{\text{allg.}}$$

$$v_{r-\underline{a}} + \underline{a} \cdot 4r - \underline{a}^2 \cdot 2$$
$$=^{\text{maxim. } a}_{r-a \ \geq \ 3} \ v_{r-(\underline{r-3})} + (\underline{r - r_0}) \cdot 4r - (\underline{r-3})^2 \cdot 2$$
$$= v_3 + (r-3) \cdot [4r - (r-3) \cdot 2]$$
$$= 18 + (r-3) \cdot 2 \cdot [2r - (r-3)]$$
$$= 18 + 2 \cdot (r-3) \cdot (r+3)$$
$$= 18 + 2 \cdot (r^2 - 3^2)$$
$$= 18 + 2r^2 - 18$$
$$= 2r^2.$$

Vorwärts-Ersetzung:

$$v_{\underline{4}} := v_{4-1} + 4 \cdot 4 - 2 = v_3 + 16 - 2 = 18 + 14 = 32$$

$$\{=^{\text{nachher}}_{\text{sichtbar}} \underline{4}^2 \cdot 2\}$$

$$v_{\underline{5}} := v_{5-1} + 4 \cdot 5 - 2 = v_4 + 20 - 2 = 32 + 18 = 50$$

$$\{=^{\text{nachher}}_{\text{sichtbar}} \underline{5}^2 \cdot 2\}$$

$$v_{\underline{6}} := v_{6-1} + 4 \cdot 6 - 2 = v_5 + 24 - 2 = 50 + 22 = 72$$

$$= \underline{6}^2 \cdot 2$$

$$\vdots$$

$$v_{\underline{r}} := 2\underline{r}^2.$$

Test ☺ $v_{\underline{3}} = 2 \cdot \underline{3}^2 = 18.$

Beweis: Induktion über r $(= \sqrt{n})$

Start: $r_0 := 3$ (siehe vorhin)
Hypothese: $v_{r-1} := 2 \cdot (r-1)^2$
Schritt: $r - 1 \longrightarrow r$
Verlauf: $v_r := v_{r-1} + (4r - 2) =^! [2 \cdot (r-1)^2] + [4r - 2] = [2 \cdot (r^2 - 2r + 1)] + [4r - 2] = 2r^2 - 4r + 2 + 4r - 2 = 2r^2.$

Bemerkung: Hier ging es um diese spezielle Zähl-Technik – unabhängig davon, ob man es auch direkt geblickt hätte:

$$v_r :=^{\text{siehe vorherigen Hinweis}}_{\text{zum Anker/Start–Wert 18}}$$

$$2 \cdot \{r \cdot [(r-1) + 1]\} = 2 \cdot \{r \cdot [r + (1-1)]\}$$

$$= 2r^2.$$

Klar ☺ Jeder der n Knoten ist zu allen 4 Nachbarn je 1 x verbunden, wobei die aus- und eingehenden Kanten aufgrund ihrer Ungerichtetheit nicht 2-fach, sondern einheitlich nur 1-fach gezählt werden: $n \cdot 4 / 2 = 2n =: v_n$.

Anekdote „On Him Who Went into the Pleasure Garden to Collect Apples" (Laurence E. Sigler, Fibonacci's Liber Abaci – A Translation into Modern English of Leonardo Pisano's Book of Calculation, Springer, S. 397 f., 2003 [Original wohl aus 1202 – vergleiche jedoch noch ab mit meinem Alt-Meister ☺ H. Lüneburg: L. Sigler – Fibonacci's Liber Abaci, JB, 105(4):29/30, Teubner, 2003], bereits aufbereitet via (Hower 2008):

„A certain man entered a certain pleasure garden through 7 doors, and he took from there a number of apples; when he wished to leave he had to give the first doorkeeper half of all the apples and one more; to the second doorkeeper he gave half of the remaining apples and one more. He gave to the other 5 doorkeepers similarly, and there was one apple left for him. It is sought how many apples there were that he collected."

Dies findet sich bspw. in einem Schulbuch für die 9. Gymnasial-Klasse in Rheinland-Pfalz – was ich hier mit n anstatt nur 7 Torwächtern verallgemeinere:

$a_n :=$ # Äpfel für n Torwächter;
a_0 (kein Torwächter) $:= 1,$

a) „Rückwärts-Ersetzung"

$$a_{n_{[>0]}} = (2 \cdot a_{n-1} + 1) + 1 = (a_{n-1} + 1) \cdot 2$$
$$\left[=^{\text{nachher}}_{\text{sichtbar}} (a_{n-1} + 2) \cdot 2^1 - 2 \right]$$
$$= (((a_{n-2} + 1) \cdot 2) + 1) \cdot 2 = (a_{n-2} + 1) \cdot 4 + 2$$
$$\left[=^{\text{nachher}}_{\text{sichtbar}} (a_{n-2} + 2) \cdot 2^2 - 2 \right]$$
$$= (((a_{n-3} + 1) \cdot 2) + 1) \cdot 4 + 2 = (a_{n-3} + 1) \cdot 8 + 6$$
$$\left[=^{\text{nachher}}_{\text{sichtbar}} (a_{n-3} + 2) \cdot 2^3 - 2 \right]$$
$$= (((a_{n-4} + 1) \cdot 2) + 1) \cdot 8 + 6 = (a_{n-4} + 1) \cdot 16 + 14$$
$$\left[=^{\text{nachher}}_{\text{sichtbar}} (a_{n-4} + 2) \cdot 2^4 - 2 \right]$$
$$= (((a_{n-5} + 1) \cdot 2) + 1) \cdot 16 + 14 = (a_{n-5} + 1) \cdot 32 + 30$$
$$= (a_{n-5} + 1) \cdot 2^5 + 2^5 - 2 = (a_{n-5} + 2) \cdot 2^5 - 2$$
$$\vdots$$
$$=_? (a_{n-n} + 2) \cdot 2^n - 2 = (a_0 + 2) \cdot 2^n - 2 = (1 + 2) \cdot 2^n - 2$$
$$= 3 \cdot 2^n - 2.$$

b) „Vorwärts-Ersetzung"

$$a_1 = 1 + (2 \cdot a_0 + 1) = (a_0 + 1) \cdot 2 = a_0 \cdot 2 + 2$$
$$\left[= 4 =^{\text{nachher}}_{\text{sichtbar}} 3 \cdot 2^1 - 2 \right]$$
$$a_2 = (a_1 + 1) \cdot 2 = (a_0 \cdot 2 + 2 + 1) \cdot 2 = a_0 \cdot 4 + 6$$
$$\left[= 10 =^{\text{nachher}}_{\text{sichtbar}} 3 \cdot 2^2 - 2 \right]$$

$$a_3 = (a_2 + 1) \cdot 2 = (a_0 \cdot 4 + 6 + 1) \cdot 2 = a_0 \cdot 8 + 14$$

$$\left[= 22 =^{\text{nachher}}_{\text{sichtbar}} 3 \cdot 2^3 - 2\right]$$

$$a_4 = (a_3 + 1) \cdot 2 = (a_0 \cdot 8 + 14 + 1) \cdot 2 = a_0 \cdot 16 + 30$$

$$= a_0 \cdot 2^4 + 2 \cdot 2^4 - 2 = (1 + 2) \cdot 2^4 - 2$$

$$= 3 \cdot 2^4 - 2$$

$$\vdots$$

$$a_n =_? 3 \cdot 2^n - 2.$$

Test: $n := 7$:

Formel: $a_7 = 3 \cdot 2^7 - 2 = 3 \cdot 128 - 2 = 384 - 2 = 382;$

Prinzip:
  für Torwächter 1: $382/2 + 1 = 192$, Rest_{-1}: 190,
  für Torwächter 2: $95 + 1 = 96$, Rest_{-2}: 94,
  für Torwächter 3: $47 + 1 = 48$, Rest_{-3}: 46,
  für Torwächter 4: $23 + 1 = 24$, Rest_{-4}: 22,
  für Torwächter 5: $11 + 1 = 12$, Rest_{-5}: 10,
  für Torwächter 6: $5 + 1 = 6$, Rest_{-6}: 4,
  für Torwächter 7: $2 + 1 = 3$, Rest_{-7}: 1.

Beweis: Induktion über n

Basis: $n_0 := 0$
       Formel: $a_0 = 3 \cdot 2^0 - 2 = 1$
       Prinzip: a_0 (kein Torwächter) $= 1 \,\widehat{=}\,$ Formel – ok;
Induktions-Hypothese: $a_{n-1} = 3 \cdot 2^{(n-1)} - 2$
Induktions-Schritt: $(0 \leq) n - 1 \longrightarrow n \, (> 0)$
   $a_n = 2 \cdot (a_{n-1} + 1) =^! 2 \cdot \left([3 \cdot 2^{(n-1)} - 2] + 1\right) = 3 \cdot 2^n - 2.$

1.5   Kryptologie

Schon immer gab es Verschlüsselungs-Bedarf, der nicht nur für System-Zugänge, Online-Banking oder Autonomes Fahren immer brisanter wird; Militär-Eingriffe, Regierungs-Sabotage oder Wirtschafts-Spionage sind weitere Beispiele für die notwendige Sensibilisierung für diesen Baustein.

Beginnen wir mit dem generellen *Teiler*-Begriff: Eine natürliche Zahl t (> 0) teilt eine andere natürl. Zahl n (≥ 0), notiert durch $t \mid n$, wenn es eine weitere nat. Zahl a (≥ 0) gibt mit der t multipliziert wieder n ergibt:

$$t \mid n \iff \exists a \text{ mit } t \cdot a = n.$$

In der *Teiler*-Menge T_n sammeln wir nun alle Teiler von n auf. Dies erledigen wir daher am besten gleich pärchenweise (wenn möglich): t zusammen mit a ($:= n/t$).

Beispiel: $T_{12} := \{1, 12; 2, 6; 3, 4\} = \{1, 2, 3, 4, 6, 12\}$.

Eine Frage stellt sich hier sofort: bis wohin muss ich längstens testen, um alle Teiler zu bekommen? Es sieht schließlich so aus, dass bei den wie eben konstruierten Pärchen der erstgenannte Teiler der kleinere der beiden war; wir wollen also jetzt wissen, wie groß der jeweils kleinere Teiler im Pärchen maximal sein kann. Im laufenden Beispiel ist dies die 3 – der sogenannte *m*ittlere *T*eiler t_m, der in T_n mit üblicherweise aufsteigend gelisteten Elementen in der Mitte steht. (Bei ungerader Teilermengen-Kardinalität ist's dann auch visuell mittig. ⌣) Die Antwort hierzu lautet:

$$t_m \leq \lfloor \sqrt{n} \rfloor.$$

Warum nach unten runden? Klar: würde man bei $\sqrt{n} =: w \notin N$ nach oben runden, so wäre $\lceil w \rceil$ ($> w$) multipliziert mit dem ja wie o. g. eigentlich noch größer zu erwartenden Teiler-Partner, also dieses Produkt, $> n$, was laut Definition naturgemäß nicht sein kann.

Zusatz-Frage: Ist denn $\lfloor \sqrt{n} \rfloor$ überhaupt immer ein Teiler?
Zusatz-Antwort: Nein, lediglich die Ober-Grenze! Beweis:
$T_{21} := \{1, 21; 3, 7\} = \{1, 3, 7, 21\}$; $t_m = 3 \neq 4 (= \lfloor \sqrt{21} \rfloor)$.

Beide Beispiele zeigen aufgrund der Pärchen-Konstruktion für T_n eine `gerade` „Parität" (geradzahlige Mengen-Kardinalität bzw. Zahlen-Größe). Nun wird auch klar, wann genau eine `ungerade` T_n-Parität vorliegt. (Man sieht sofort, dass es nicht an der eigenen Parität des jeweiligen n liegt; schließlich ist $n := 12$ „gerade" und $n := 21$ „ungerade".) Arbeiten wir uns hierzu durch die nun kommende Aufgabe, mit nachfolgend präsentierter Lösung:

Aufgabe: Beweisen Sie folgende Behauptung:

$|T_n|$ `gerade` [$=: l$] $\iff$ [$r :=$] $n_{[>0]}$ ist keine Quadrat-Zahl.

Zeigen Sie zunächst (a) $r \Rightarrow l$ und anschließend (b) $\neg r \Rightarrow \neg l$ [$\hat{=}$Kontraposition $(l \Rightarrow r)$], damit insgesamt $l \iff r$. Beschreiben Sie schlussendlich noch die Situation (c) bei einer *Prim-Zahl* p ($\in N$), die sinnvollerweise via folgender Äquivalenz definiert ist:

$$\text{prim} \iff |T_p| = 2[= |\{1, p\}|\,].$$

(Damit ist auch geklärt, ob 1 „prim" ist [oder nicht $\smile$: sie lässt sich zwar auch nur durch die 1 und sich selbst teilen {wie man stadt- und landläufig schnell gern sagt}, aber diese beiden Fälle wandern ja in die besagte Teiler-Menge, welche bekanntlich keine Kopien verwaltet, die 1 dort nur einmal existiert].)

Lösung, mit folgenden Bezeichnungen: $z := |T_n|$, $m := \lceil \frac{z}{2} \rceil$:

a)
   Nicht-Quadratzahl n

$T_n := \{1 =: t_1, t_2, t_3, \ldots, t_{m-1}, t_m \ (\leq \lfloor \sqrt{n} \rfloor)$,

$t_{m+1} \ (> \lfloor \sqrt{n} \rfloor), t_{m+2}, \ldots, t_z := n\}$

mit $t_i < t_{i+1}$ für $0 < i < z$.

$t_k | n$; $\{t_k, \frac{n}{t_k}\} =: S_k \subseteq T_n$,

$|S_k| = 2$ für $1 \leq k \leq m = |\{S_k\}|$.

$t_{m+1} = \frac{n}{t_m}$, $t_{m+2} = \frac{n}{t_{m-1}}$, $\ldots, t_z = \frac{n}{t_1} \ (= n)$.

$t_j = \frac{n}{t_k}$ mit $z \geq j > m \geq k = z - j + 1 \geq 1$.

$$j + k = 2 \cdot m + 1 = j + (z - j + 1) = z + 1$$

$$\iff$$

$$z + 1 = 2m + 1$$

$$\iff$$

$$z = 2m \quad \text{gerade} \ (\geq 2).$$

Probe: $2m = 2 \cdot \lceil \frac{z}{2} \rceil =_{[z\,\text{gerade}]} 2 \cdot \frac{z}{2} = z$.

Test$_1$: $n_1 := 48$ (gerade):

$$z_1 = |T_{48}|$$
$$= |\{1, 2, 3, 4, 6 (= \lfloor\sqrt{48}\rfloor), 8 (> \lfloor\sqrt{48}\rfloor), 12, 16, 24, 48\}|$$
$$= 10 = 2 \cdot 5 = 2 \cdot m_1 \ \text{gerade};$$

Test$_2$: $n_2 := 69$ (ungerade):

$$z_2 = |T_{69}|$$
$$= |\{1, 3 (< \lfloor\sqrt{69}\rfloor), 23 (> \lfloor\sqrt{69}\rfloor), 69\}|$$
$$= 4 = 2 \cdot 2 = 2 \cdot m_2 \ \text{gerade}.$$

b)

Quadratzahl $n = (\sqrt{n})^2 = (t_m)^2$

$$t_m = \sqrt{n}(\mid n), t_{m+1} =_? \frac{n}{t_m} = \frac{n}{\sqrt{n}} = \frac{(\sqrt{n})^2}{\sqrt{n}} = \sqrt{n} =_! t_m ;$$

die (Standard-)Menge (T_n) enthält jedoch keine Kopien, daher gibt's $t_m = \sqrt{n} = \frac{n}{\sqrt{n}}$
nicht doppelt.
(Und es gilt auch hier $t_{m+1} > t_m$ für $m > 1 < 4 \leq n$.) $\implies z = 2 \cdot m - 1$
ungerade.

Probe: $m = \frac{z+1}{2} =_{[z \text{ ungerade}]} \lceil \frac{z}{2} \rceil$.

Test$_0$: $n_0 := 1$ (ungerade):

$$z_0 = |T_1| = |\{1(= \sqrt{1})\}| = 1$$
$$= 2 \cdot 1 - 1 = 2 \cdot m_0 - 1 = 2 \cdot \lceil\frac{1}{2}\rceil - 1 \ \text{ungerade};$$

Test$_1$: $n_1 := 36$ (gerade):

$$z_1 = |T_{36}| = |\{1, 2, 3, 4, 6 (= \sqrt{36}), 9, 12, 18, 36\}| = 9$$
$$= 2 \cdot 5 - 1 = 2 \cdot m_1 - 1 \ \text{ungerade};$$

Test$_2$: $n_2 := 9$ (ungerade):

$$z_2 = |T_9| = |\{1, 3 (= \sqrt{9}), 9\}| = 3$$
$$= 2 \cdot 2 - 1 = 2 \cdot m_2 - 1 \ \text{ungerade}.$$

c)

$n := p$ Primzahl $\implies$ (keine Quadratzahl) Spezial-Fall von (a):

$$|T_p| = |\{1, p\}| = 2 = 2 \cdot 1 = 2 \cdot m \quad \text{gerade}.$$

Test$_1$: $p_1 := 2$ (gerade):

$$z_1 = |T_2| = |\{1 \, (= \lfloor \sqrt{2} \rfloor), 2 \, (> \lfloor \sqrt{2} \rfloor)\}|$$
$$= 2 = 2 \cdot 1 = 2 \cdot m_1 \quad \text{gerade};$$

Test$_2$: $p_2 := 5$ (ungerade):

$$z_2 = |T_5| = |\{1 \, (< \lfloor \sqrt{5} \rfloor), 5 \, (> \lfloor \sqrt{5} \rfloor)\}|$$
$$= 2 = 2 \cdot 1 = 2 \cdot m_2 \quad \text{gerade}.$$

Kommen wir zum Begriff „größter gemeinsamer Teiler" =: ggt (bzgl. mehrerer [Eingabe-]Zahlen), den man bezogen auf zunächst nur 2 Zahlen wie folgt definieren kann:

$$ggt(x, y) := max(T_x \cap T_y);$$

man nimmt halt den größten aus der Schnittmenge der beiden einzelnen Teiler-Mengen, also das größte der gemeinsamen Elemente. Bezogen auf 3 Zahlen gilt natürlich

$$max(T_x \cap T_y) \geq max(T_x \cap T_y \cap T_z),$$

da keine neuen Elemente aus T_z in der (bisherigen) Schnitt-Menge liegen können (und zudem der Mengen-Schnitt einer booleschen UND-Verknüpfung entspricht); man kann sich also bequem aufgrund des ganz offensichtlich geltenden Assoziativ-Gesetzes auf die Definition bzgl. zweier Zahlen zurückziehen:

$$ggt_{x,y,z} := max(T_x \cap T_y \cap T_z) := max([T_x \cap T_y] \cap T_z).$$

Beispiel:

$$ggt_{12,21} := max(T_{12} \cap T_{21}) := max(\{\underline{1}, 2, \underline{3}, 4, 6, 12\} \cap \{\underline{1}, \underline{3}, 7, 21\})$$
$$:= max(\{1, 3\}) = 3 \geq ggt_{12,21;9} := max([T_{12} \cap T_{21}] \cap T_9)$$
$$:= max(\{\underline{1}, \underline{3}\} \cap \{\underline{1}, \underline{3}, 9\})$$
$$:= max(\{1, 3\}) = 3 =_{\text{Gesetz}}^{\text{Kommutativ-}} ggt_{9,12,21} \geq ggt_{9,12,21;16}$$

$$:= max(\{1, 3\} \cap T_{16}) := max(\{\underline{1}, 3\} \cap \{\underline{1}, 2, 4, 8, 16\})$$
$$:= max(\{1\}) = 1 = ggt_{9,12,16,21}.$$

Es gäbe eh noch den Weg via Primfaktor-Zerlegung: Jede natürliche Zahl n lässt sich (eindeutig) als Produkt bestehend allein aus Prim-Faktoren darstellen; hier drei Beispiele:

$$1000 = 8 \cdot 125 = 2^3 \cdot 5^3, \ 1962 = 2 \cdot 3^2 \cdot 109 \text{ und } 2019 = 3 \cdot 673.$$

Dann nimmt man halt aus 3 Zahlen den ggt; hier 2 Beispiele:

$$ggt_{9,12,21} = ggt(3^2, \ 2^2 \cdot 3, \ 3 \cdot 7) = 3.$$

Sollte es keine gemeinsame Primzahl geben, so braucht man hier natürlich noch ein „last resort", das neutrale Element der Multiplikation, die 1 (nicht prim), wie folgendes Beispiel zeigt:

$$ggt_{1000,1962,2019} = ggt(2^3 \cdot 5^3, \ 2 \cdot 3^2 \cdot 109, \ 3 \cdot 673) = 1.$$

So kann auch die kleine 1 der größte gemeinsame Teiler sein.

Haben wir ein Primzahl-Pärchen als ggt-Eingabe, so ist eh die 1 immer die eindeutige Ausgabe; die Umkehrung gilt nicht, wie man hier gleich sieht: $ggt_{1000,2019} = 1$, obwohl gar keine der beiden Eingaben prim ist. (Es kann also nicht einmal gefolgert werden, wenigstens eine der Eingaben wäre eine Prim-Zahl.)

Als Informatiker gehe ich noch gern kurz auf die Laufzeit-Komplexität ein: Primfaktor-Zerlegung ist deutlich buckliger (was später beim Entschlüsseln nicht als „bug" sondern als „feature" gebraucht wird) als der ggt-Algorithmus à la Euklid (der hauptsächlich logarithmisch auskommt), dessen Ausbreitung ich mir hier erlaube wegzulassen, ebenso wie Restklassen-Ringe, diskrete Exponentiation / Logarithmen, Galois-Feld etc., sonst wird diese Informatik-Einführung zu mathe-lastig.

Zur Vorbereitung des berühmten RSA-Algorithmus hingegen müssen wir dann doch noch kurz „kielholen" ⌣:

Wir zählen zunächst, bezogen auf eine $n$atürliche Zahl n, wie oft eine $a$ndere Zahl a mit n den ggt 1 hat, also – wie man so schön sagt – „teiler-fremd" zu n ist, halt nur den einzigen gemeinsamen (Standard-)Teiler 1 hat. Dies nennen wir die *Euler*sche ϕ-Funktion

$$\phi(n) := |\{a \in \{1, \ldots, n\} \mid ggt(a, n) = 1\}|.$$

(Das äußere „| ... |"-Pärchen bedeutet die bereits eingeführte Kardinalität, also hier im Endlichen einfach die Anzahl der Elemente in besagter Menge, und der mittlere „|" signalisiert die geforderte Eigenschaft an a und liest sich als „sodass gilt".) Beispiele:

$$\phi(1) := |\{1\}| = 1,$$
$$\phi(8) := |\{1, 3, 5, 7\}| = 4,$$
$$\phi(7) := |\{1, 2, 3, 4, 5, 6\}| = 6.$$

Es gilt folgende zahlentheoretisch offensichtliche Äquivalenz:

$$p \text{ prim} \iff \phi(p) = p - 1.$$

Kleiner Satz von Fermat/Euler

$$ggt(a, n) = 1 \implies a^{\phi(n)} \equiv 1 \underline{\mathrm{mod}}\, n;$$

$\underline{\mathrm{mod}}$ ist der *Modulo*-Operator (Rest bei ganzzahliger *Div*ision).

Eine zwar hier nebensächliche, aber interessante, Anwendung ist via Beweis-Strategie *indirekt* mit zu n teiler-fremdem a startend zu testen, ob der Ausdruck $a^{(n-1)} \equiv 1 \underline{\mathrm{mod}}\, n$ [„$\equiv$" := „*kongruent*"]. (Ist dies der Fall, muss trotzdem n nicht prim sein; obige Folgerung gilt nur in dieser Richtung, ist eben keine Äquivalenz.) Ist besagter o. g. Ausdruck dabei $\not\equiv 1$ ($\underline{\mathrm{mod}}\, n$), dann ist n aufgrund der Kontrapositions-Logik <u>k</u>eine Prim-Zahl; daher kann man dies (oft fälschlicherweise und missdeutig „Primzahl-Test" genannt) als <u>Nicht</u>-Primzahl-Test nutzen.

Machen wir uns nun auf zur Realisierung des letzten Mathe-Bausteins, dem Ver- und Entschlüsselungs-Verfahren *RSA* (benannt nach den Erfindern R. *R*ivest, A. *S*hamir, L. *A*deleman), welches der sogenannten asymmetrischen Philosophie folgt: Ein öffentliches Zahlen-Paar (n, e) wird kombiniert mit einem privaten Schlüssel d („*d*ecryption", zum späteren Entschlüsseln), um eine Nachricht („*m*essage") m zu verschlüsseln. Hierzu nimmt man („zufällig") zwei verschiedene (ungerade) Prim-Zahlen p und q ähnlicher Bit-Breiten (bspw. ca. 4096 [= 2^{12}]) und bildet mit dem Produkt der beiden das sogenannte *RSA*-Modul n (:= $p \cdot q$); diese beiden Werte speichern wir in der Menge („*set*") $S := \{p, q\}$, der wir nachher die jeweils benötigte Prim-Zahl bequem entnehmen. Nun wählt man den (ungeraden) Exponenten e („encryption", zum Verschlüsseln), teiler-fremd zu $\phi(n)$, aus der Menge $M := \{3, 4, 5, \ldots, \phi(n)-1\}$. Wir brauchen jetzt noch diesen Wert $\phi(n)$. Wie oft ist nun eine Zahl zu n teiler-fremd? Initial steht die gesamte Bandbreite aller natürlichen Zahlen von 1 bis n zur Verfügung: $|\{1, 2, 3, \ldots, n\}| = n$. Dieses $n := p \cdot q$ beherbergt den Teiler q ja p-mal und den Teiler p halt q-fach; damit hätten wir jedoch den einen gemeinsamen Fall $p \cdot q$ doppelt gezählt, weshalb wir ihn einmal wieder subtrahieren: Die Anzahl Fälle, in denen eine Zahl mit n (als Primzahlen-Produkt) nur den einzigen gemeinsamen Teiler 1 hat, ergibt sich daher immer wie folgt:

$$\phi(p \cdot q) = \phi(n) = n - (p + q - 1) = p \cdot q - p - q + 1$$
$$= p \cdot q - p \cdot 1 - 1 \cdot q + (-1) \cdot (-1) = (p - 1) \cdot (q - 1)$$
$$= \underline{\phi(p) \cdot \phi(q)}.$$

Kleines Beispiel:

$$\underline{\phi(3 \cdot 5)} = \phi(15) = 15 - |\{1 \cdot 5, 2 \cdot 5, 3 \cdot 5; 1 \cdot 3, 2 \cdot 3, 3 \cdot 3, 4 \cdot 3, 5 \cdot 3\}|$$
$$= 15 - |\{5, 10, 15; 3, 6, 9, 12, 15\}| =_{[3 \cdot 5 = 5 \cdot 3]} 15 - (3 + 5 - 1)$$
$$= 15 - (8 - 1) = 15 - 7 = 8 = 2 \cdot 4$$
$$= \underline{\phi(3) \cdot \phi(5)}.$$

Nun benötigen wir noch d ($\in M$) mit der Eigenschaft

$$e \cdot d \equiv 1 \underline{\mod} \phi(n)$$
$$\Longleftrightarrow \quad \phi(n) \mid (e \cdot d - 1) \iff \phi(n) \cdot f_\exists = e \cdot d - 1$$
$$\Longleftrightarrow \quad e \cdot d = 1 + \phi(n) \cdot f \qquad\qquad\qquad\qquad\text{[§]}$$

Kommen wir zurück zum „kleinen" *Fermat/Euler*-Satz im Spezial-Fall $n := \texttt{prim}$, was in der nun folgenden Anwendung sowohl für p als auch für q gilt, weshalb daher der Bequemlichkeit halber $g_x := ggt(m, x)$ mit $x \in S$ (o. g. Primzahl-Menge):

$$g_x = 1 \implies m^{(x-1)} \equiv 1 \underline{\mod} x$$

Die links stehende Vor-Bedingung ist für den Fall $m < x$ klar, kann aber auch in gewissen Fällen bei $m > x$ zutreffen. (∗)

$$g_x \neq 1 \iff g_x = x \implies \exists v_x \, [\in N_1 := \{1, 2, 3, \ldots\}] : v_x \cdot x = m$$

Die links stehende Vor-Bedingung ist für den Fall $m = x$ klar, kann aber auch in gewissen Fällen bei $m > x$ zutreffen. (∗∗)

Kommen wir nun endlich zum „cyphering" (Verschlüsseln):

$$c := m^e \bmod n;$$

Um gleich elegant notieren zu können, führen wir folgenden Ausdruck als Abkürzung ein:

$$A := [(p - 1) \cdot (q - 1)] \cdot f = \phi(n) \cdot f.$$

Und nun zum „decyphering" (Entschlüsseln):

$$D := c^d \bmod n = (m^e \bmod n)^d \bmod n = m^{(e \cdot d)} \bmod n$$
$$=_{\text{s.o.}}^{\S} m^{[1+A]} \bmod n = (m \cdot m^A) \bmod n.$$

Sei hier noch schnell das $k$leinste $g$emeinsame Vielfache zweier Zahlen p und q wie üblich mit $kgV(p, q)$ abgekürzt:

$$p \neq q \, \text{prim} \implies kgV(p, q) = p \cdot q = n \qquad [\P]$$

1. Fall (∗)

- $D_p := (m \cdot [m^{(p-1)}]^{[(q-1) \cdot f]}) \bmod n \equiv (m \cdot [1 \bmod p]^{[(q-1) \cdot f]}) \bmod n$
  $= (m \cdot [1 \bmod p]) \bmod n =:_{\text{s.u.}} (m \cdot K_p) \bmod n$

- $D_q := (m \cdot [m^{(q-1)}]^{[(p-1) \cdot f]}) \bmod n \equiv (m \cdot [1 \bmod q]^{[(p-1) \cdot f]}) \bmod n$
  $= (m \cdot [1 \bmod q]) \bmod n =:_{\text{s.u.}} (m \cdot K_q) \bmod n$

- $D := D_p = D_q \iff K_p = K_q =: K \implies K \equiv 1 \bmod kgV(p, q) \implies$
  $D \equiv (m \cdot K) \bmod n =_{\text{s.o.}}^{\P} m \bmod^2 n = m \bmod n = m$

2. Fall (∗∗)

$$D = [(v_x \cdot x) \cdot m^A] \bmod n = [(v_x \cdot m^A) \cdot x] \bmod n$$
$$\equiv (0 \bmod x) \bmod (p \cdot q) =_{\text{s.o.}}^{\P} 0 \bmod^2 n = 0 \bmod n = 0.$$

RSA zu nutzen macht nur solange Sinn, wie es für eine sehr große Zahl extrem schwierig ist, sie in ihre (immerhin nur zwei) Prim-Faktoren zu zerlegen – was bisher eben klassisch (noch!) nicht effizient machbar ist; hierin liegt im wahrsten Sinne des Wortes der „Schlüssel" ⌣. Was die Quanten-Kryptographie bringen wird, zeigt uns dann (bald?) die nahende Zukunft.

Literatur

Hower W.: On the *n*th doorkeeper of the pleasure garden in Fibonacci's Liber Abbaci – Proof techniques in Discrete Mathematics on a generalization of a problem possibly from 1202. http://www.educ.ethz.ch/unterrichtsmaterialien/informatik/recurrence-relations.html, EducETH – ETH-Kompetenzzentrum für Lehren und Lernen. Schweiz, Zürich (2008)

Weiterführende Literatur

Arnold A., Guessarian I.: Mathématiques pour l'informatique, 4. Aufl., Dunod, Malakoff (2005). 978-21004-9230-5

Beeler R. A.: How to Count: An Introduction to Combinatorics and Its Applications – A problem-based approach to learning Combinatorics. Springer International Publishing, Basel, Schweiz (2015). https://doi.org/10.1007/978-3-319-13844-2, 978-3-319-13843-5 (Hardcover)

Biggs N. L.: Discrete Mathematics, 2. Aufl., Oxford University Press, Oxford, England, GB (2002). 978-01985-0718-5 (Hardback), 978-01985-0717-8 (Paperback), Reprinted with corrections (2005)

Buchmann J.: Einführung in die Kryptographie, 6. Aufl., Springer Spektrum, Heidelberg (2016). https://doi.org/10.1007/978-3-642-39775-2, 978-3-642-39774-5 (Papier)

Ferland K.: Discrete Mathematics and Applications, 2. Aufl., Chapman and Hall & CRC, New York (2017). 978-14987-3069-3 (eBook), 978-14987-3065-5 (Hardback)

Graham R. L., Knuth D. E., Patashnik O.: Concrete Mathematics – A Foundation for Computer Science, 2. Aufl., Pearson & Addison-Wesley, Boston (2006). 20th printing (Hardback), 978-0-201-55802-9

Hower W.: Diskrete Mathematik, Grundlage der Informatik. 978-3-486-58627-5 (Papier) Oldenbourg Wissenschaftsverlag, München (2010). 978-3-486-71164-6 (eBook), De Gruyter, Berlin (2011)

Rosen K. H.: Discrete Mathematics and Its Applications. 8. Aufl., McGraw-Hill, New York (2019). 978–12605-0175-9 (eBook Purchase), 978–12597-3125-9 (Digital Connect)

Rosen K. H. (Hrsg.): Handbook of Discrete and Combinatorial Mathematics, 2. Aufl., CRC, New York (2017). 978-15848-8780-5 (Hardback)

Theoretische Informatik

2

Hier werden die prinzipiellen Grundpfeiler dargestellt: Komplexitäts-Theorie, Formale Sprachen, Automaten-Theorie sowie Unberechenbarkeit.

2.1 Komplexitäts-Theorie

Man unterscheidet zwischen Speicherplatz- und Rechenzeit-Komplexität. Die Platz-Belegung einer natürlichen Zahl n ergibt sich durch die Anzahl ihrer Binär-Ziffern, weshalb man auch von Bit-Komplexität spricht („String"-Länge, Wortbreite [hier die Breite des „Wortes" n in Binär-Kodierung]) – ein *l*ogarithmisches Maß:

$$l(n) := \begin{cases} 1 & ; \ n \leq 1 \\ 1 + \lfloor \mathrm{ld}(n) \rfloor; & n \geq 2 \end{cases},$$

wobei $\mathrm{ld}(n)$ den „*l*ogarithmus *d*ualis" von n darstellt, also bei der Eingabe n in der Potenz-Schreibweise zur Basis 2 einfach die Hochzahl [bspw. $\mathrm{ld}(2^3) = 3$]. Ist n keine 2er-Potenz, ist die folgende Formel-Ausgabe identisch:

$$\begin{cases} 1 & ; \ n \leq 1 \\ \lceil \mathrm{ld}(n) \rceil; & n \geq 2 \end{cases}.$$

Im Spezial-Fall einer 2er-Potenz ($n = 2^k$ mit $k \in N$, wo es nichts zu runden gibt) führt dies jedoch zu einer anderen Aussage: hier käme bei Eingabe 8 die 3 heraus, während $l(8) = 4$. Der frisch genannte Formel-Teil taugt hingegen ideal zur Abbildung von Fällen: hierbei kann ich den ersten Fall mit der Nummer 0 starten und den letzten Fall folglich mit der Nummer $n-1$; hab' ich keinen Fall, muss ich ihn nicht bezeichnen und brauche daher auch kein Bit hierzu, und im anderen Fall

© Springer Fachmedien Wiesbaden GmbH, ein Teil von Springer Nature 2019
W. Hower, *Informatik-Bausteine*, Studienbücher Informatik,
https://doi.org/10.1007/978-3-658-01280-9_2

greift daher das oben letztgenannte Formel-Stück. Hier zusammengefasst nun diese Speicherplatz-Formel für n Fälle:

$$f(n) := \begin{cases} n & ; \ n \leq 1 \\ \lceil \mathtt{ld}(n) \rceil; & n \geq 2 \end{cases}.$$

Um maschinen- und technologie-unabhängig zu sein, werden Algorithmen, Probleme und sogar ganze Problem-Genres in ihrer Berechnungs-Komplexität abstrakt abgeschätzt (einklassiert). Einteilen lassen sich die gewünschten Qualitäts-Aussagen in drei Gruppen: in Aussagen zu Unter- (Ω) und Ober-Grenze (O) sowie, falls dem Ganzen eine gemeinsame Größen-Ordnung innewohnt, zur präzisen Wachstums-Rate ($\Theta := \substack{\text{dann} \\ \text{hier}} = \Omega = O$).

Zur Einordnung der Zeit-Komplexität führt man das sogenannte *Einheitskosten-Maß* ein: Bei einem Rechenverfahren bspw. zählt man zunächst alle Operationen, wobei jede einzelne als 1 Einheit zählt; letztlich fokussiert man aber nur auf den jeweils dominanten Teil.

Beispiel: Die eigentliche Komplexität eines Algorithmus A_1, angesetzt auf seine Eingabe n, sei durch folgende Funktion beschrieben: $g_1(n) := 9n^2 + 6n + 1$; dann ist der dominierende Teil von g_1 eine quadratische Funktion $f_1 := n^2$, die prinzipielle Wachstums-Rate von g_1 also von der Komplexität $\Theta(n^2)$. Habe nun ein anderer Algorithmus A_2 die Laufzeit-Funktion $g_2(n) := 2^n + g_1(n)$, dann ist der dominierende Teil von g_2 eine exponentielle Funktion $f_2 := 2^n$, die prinzipielle Wachstums-Rate von g_2 also von der Komplexität $\Theta(2^n)$. Taucht, wie hier, A_1 in dieser Form („additiv") in A_2 auf, so fällt A_1 in A_2 laufzeit-technisch nicht groß in's Gewicht.

Will man den Berechnungs-Aufwand eines Problems bestimmen, so nimmt man das dazugehörige beste Rechenverfahren, welches für alle Eingabe-Fälle, speziell für die ungünstigsten, das schnellste Ausgabe-Verhalten zeigt – womit man selbst für ein unbekanntes Input-Szenario optimal gewappnet ist. Probleme ähnlicher Komplexität („gleich" im Sinne der eben genannten Abschätzungs-Funktionen) werden sodann jeweils in einer gemeinsamen Komplexitäts-Klasse zusammengefasst. So kann man grob bspw. zwischen einer polynomiellen und exponentiellen Größen-Ordnung unterscheiden. Ohne auf feinere Unterteilungen hier eingehen zu müssen, wollen wir natürlich die beiden Haupt-Klassen, $\mathcal{P}$ und $\mathcal{NP}$, vorstellen.

$\mathcal{P}$ ist die Klasse aller Probleme, welche sich durch Abarbeitung vorgegebener Schritte *(deterministisch)* in polynomieller Zeit praktikabel lösen lassen – man demnach eine $\mathcal{P}$olynom-Funktion angeben kann, wie lange es prinzipiell dauert; dabei steht die Eingabe-Größe in der Basis und im Exponenten nur eine Konstante.

$\mathcal{NP}$ bezeichnet die Klasse aller Probleme, welche sich *nicht-deterministisch* in polynomieller Zeit lösen lassen, man hierbei also die Abarbeitung der Schritte nicht fest vorgeben muss, sondern eine Menge von Alternativen lassen kann. (Determinismus ist insofern im Nicht-Determinismus eingebettet, als dass man immer nur 1 Alternative lässt.) Hätte man mehrere parallel werkelnde Rechner zur Verfügung, käme man in diesem Rechner-Modell (auf parallelisierbaren Problemen) in polynomieller Zeit durch. Auf einer 1-Prozessor-Maschine jedoch müsste man in der Praxis alle Alternativen durchprobieren; dies erfordert bei den schwierigen Problemen bisher einen exponentiellen Zeit-Aufwand – die Eingabe-Größe taucht halt im Exponenten auf. Dies führt bei großen Problem-Instanzen dazu, dass ein solches Problem üblicherweise nicht praktikabel lösbar ist. In vielen unglücklich ausfallenden Formulierungen anderenorts findet sich hierfür der Ausdruck „praktisch unlösbar", was einen falschen Eindruck hinterlässt; besser ist folgende Version: „unpraktisch lösbar". Schließlich sind die $\mathcal{NP}$-Probleme (theoretisch) lösbar, wenn auch zeitaufwändig; wirklich unberechenbare Probleme gibt's nämlich auch noch – behandeln wir später.

$\mathcal{P}$-Probleme sind auch mit $\mathcal{NP}$-Methoden lösbar, weshalb folgende Teilmengen-Beziehung gilt (siehe vorhin „eingebettet"):

$$\mathcal{P} \subseteq \mathcal{NP}.$$

Ob $\mathcal{P} \subset \mathcal{NP}$ gilt, $\mathcal{P}$ also „echt" in $\mathcal{NP}$ liegt, es in $\mathcal{NP}$ mindestens 1 Problem gibt, welches sich nicht einfach in $\mathcal{P}$ berechnen lässt, ist eine offene Fragestellung. Die meisten Wissenschaftler gehen von $\mathcal{P} \neq \mathcal{NP}$ aus, bewiesen ist's bisher noch nicht.

$Co-\mathcal{NP}$ ist die Menge aller Komplementär-Probleme, deren Original-Probleme in $\mathcal{NP}$ liegen. Dies hat nichts mit einer Komplement-Menge zu tun; diese würde fälschlicherweise alle anderen Probleme außerhalb von $\mathcal{NP}$ beinhalten. Dabei ist es sogar so, dass viele Probleme sowohl in $\mathcal{NP}$ als auch in $Co-\mathcal{NP}$ liegen.

Nehmen wir als Beispiel-Problem den $\underline{H}amilton\ \underline{C}ycle$ (=: HC): „Gibt es auf gegebener Graph-Struktur einen Rundkurs, bei dem alle n Knoten vor der Rückkkehr genau 1-mal besucht werden?" Das hierzu komplementäre Problem (=: HCc) wäre: „Gibt es keinen solchen Rundkurs?" Dies ist typischerweise nicht einfacher zu lösen: In eben genannter Original-Version müsste entweder mathe-technisch ein theoretischer Existenz-Beweis präsentiert oder dies konstruktiv durch einen Rundweg praktisch dargelegt werden. Zumindest bei Letzterem kann man dabei auch einfach Glück haben; jedoch zu beweisen dass es nicht geht, scheint mindestens so aufwändig Zu o. g. Punkt

$$\mathcal{NP} \cap Co-\mathcal{NP} \neq \{\} : \quad Co-\mathcal{P} = \mathcal{P} :$$

Einfach lösbare Probleme bleiben auch in der komplementären Variante noch in der gleichen effizienten Problem-Klasse. Da ein deterministisches Konzept immer auch von einem nicht-deterministischen beherrscht wird, ist o. g. $\cap$ nicht(-)leer:

$$\mathcal{P} = Co-\mathcal{P} \subseteq \mathcal{NP}, Co-\mathcal{NP} \iff Co-\mathcal{NP} \cap \mathcal{NP} \supseteq Co-\mathcal{P} = \mathcal{P}.$$

Noch ist nicht bewiesen, ob/dass $\mathcal{P}$ und $\mathcal{NP}$ unterschiedlich sind. Es gilt folgender hoch-brisante logische Zusammenhang:

$$\mathcal{P} = \mathcal{NP} \quad \longrightarrow \quad \mathcal{NP} = Co-\mathcal{NP}$$
$$\Longleftrightarrow$$
$$\mathcal{NP} \neq Co-\mathcal{NP} \quad \longrightarrow \quad \mathcal{P} \neq \mathcal{NP}.$$

Das linke „$\neq$" würde eine lang gehegte Fragestellung beweisen:

http://www.claymath.org/millennium-problems/p-vs-np-problem.

Es werden ziemlich sicher immer Probleme verbleiben, die nicht mit einem deterministisch polynomiellen Algorithmus, sondern nur mit exponentiell hohem Aufwand gelöst werden. Ich wage hier mein Doktorats-Thema im Bereich „Kombinatorische Optimierung unter Rand-Bedingungen" zu nennen; bereits die Grund-Formulierung, das „*Constraint Satisfaction Problem*", *CSP*, n Variablen mit endlichen Wertebereichen in flankierendem Werte-Spielraum (alle Bedingungen erfüllend) konsistent zu belegen, ist in allgemeinster Form bisher deterministisch nur exponentiell lösbar.

Bringen wir zum Abschluss dieses Komplexitäts-Abschnitts noch Platz- und Zeit-Betrachtung zusammen:

$$\mathcal{P}[-\text{TIME}] \ (\subseteq \ \mathcal{NP}[-\text{TIME}]) \ \subseteq \ \mathcal{P}-\text{SPACE} .$$

Dies ist prinzipiell einleuchtend: Ein Problem, welches nach vorbestimmten polynomiell wenigen (Algorithmus-)Schritten gelöst wurde, beschrieb in dieser abgelaufenen Zeit einen gewissen Speicher-Platz. Diese räumliche Ressource nun als Voraussetzung habend, könnte man sie wiederverwenden („überschreiben"), um damit tendenziell komplexere Probleme zu lösen – was dann natürlich entsprechend länger dauern kann.

(Es gibt sowohl „nach unten" [Teilmenge von $\mathcal{P}$-TIME] als auch „nach oben" [Obermenge von $\mathcal{P}$-SPACE] Verfeinerungen bzw. Erweiterungen – was wir hier nicht weiter detaillieren.)

2.2 Formale Sprachen

Wie bei natürlichen Sprachen geht es auch bei Computern letztlich um Wörter; diese müssen gebildet werden. Man beginnt bei einem imaginären *Start*-Symbol S. Dies entstammt einer Menge N von *Nicht-Terminalen;* sie dienen nur der Wortbildung und tauchen im Wort selbst nicht auf. Die Syntax-Regeln zum Einhalten der gewünschten Form, also wie man aus einem Gebilde mit Nicht-Terminalen zu einer anderen Konstruktion kommt, werden in der Menge P der *Produktionen* notiert, die man braucht, um ausschließlich korrekte Gebilde zu formen. Jetzt fehlt nur noch die *Alphabet*-Menge Σ der Zeichen (mancherorts irreführenderweise als „Buchstaben" bezeichnet, in der Welt der Binär-Ziffern ⌣), auch *Terminale* genannt. Eine *G*rammatik besteht nun aus diesen vier Teilen:

$$G := (S, N, \Sigma, P), \quad N \cap \Sigma = \{\} \; [=: \emptyset].$$

Σ^k sei die Menge aller Wörter gebildet aus k Alphabet-Zeichen. Σ^+ lässt alle positiven Wort-Längen zu. Ist auch das leere (englisch: „empty") Wort ε (der Länge 0) zugelassen, so bemüht man für diese Menge aller Wörter beliebiger Länge den Ausdruck Σ^*. Die erzeugte Sprache (engl.: „*l*anguage") L zu einer jeweiligen Grammatik G wird wie folgt beschrieben:

$$L(G) := \{w \in \Sigma^* \mid S \overset{+}{\Longrightarrow}_G w\};$$

dabei bedeutet der Strich | „sodass gilt" und der Pfeil mit dem + „generiert in beliebig vielen (≥ 1) Schritten". (In 0 Schritten erzeugt man von S [$\in N$] aus kein Wort [$\in \Sigma^*$].) Eine Grammatik ist demnach ein System, das eine Sprache generiert – in der Informatik bspw. eine Programmiersprache.

Zur Notations-Vereinfachung wird nun noch definiert: $A := N \cup \Sigma$.

Typ-0-Sprache

$$P := \{[A^* N A^* \ni] \alpha \longrightarrow \beta \, [\in A^*]\} :$$

Eine speziale linke Seite α produziert eine beliebige rechte Seite β; dabei besteht α aus mindestens einem Nicht-Terminal (muss eh immer so sein, sonst hätte man nur Alphabet-Zeichen, welche sich nicht mehr verändern ließen) und sowohl davor als auch dahinter kann noch je ein beliebiges Gebilde kommen. Eine solche allgemeine Typ-0-Grammatik formt eine sogenannte *rekursiv aufzählbare* Sprache.

Typ-1-Sprache

$$u, v \in A^*; \; H \in N, \; z \in A^+, \; \alpha := uHv, \; \beta := uzv.$$

$$P := \{\alpha \longrightarrow \beta\} \cup \begin{cases} \{S \longrightarrow \varepsilon\}; & S \notin \beta \\ \{\} \; [S \nrightarrow \varepsilon]; & S \in \beta \end{cases} :$$

Eine spezielle linke Seite α produziert eine spezielle rechte Seite β; typischerweise wird ein Nicht-Terminal innerhalb einer Umgebung („Kontext") durch ein Gebilde mindestens gleicher Länge ersetzt, weshalb man diese Produktions-Art „nicht-verkürzend" nennt. Taucht S nie auf einer rechten Seite auf, so darf man noch den Übergang in's leere Wort mitnehmen, ansonsten nicht. Eine derartige Typ-1-Grammatik bildet eine *kontext-sensitive* Sprache.

Typ-2-Sprache

$$P := \{[N \ni] H \longrightarrow z \; [\in A^*]\} :$$

Ein Nicht-Terminal, unabhängig seines Kontextes, produziert ein beliebiges Gebilde. Diese Typ-2-Grammatik sorgt für eine *kontext-freie* Sprache.

Eine typische Informatik-Sprache ist bspw. die der korrekt geklammerten Mathe-Ausdrücke. Aus welchen Komponenten besteht nun das 4er-Grammatik-Tupel (S, N, Σ, P)? Voilà:

Zunächst reicht hier ausnahmsweise das Startsymbol S als einzige Hilfs-Variable aus der Menge der Nicht-Terminalen aus; als Zeichen nehmen wir in die Alphabet-Menge Σ die benötigten Klammern sowie zwei Operanden a und b und zwei Operatoren $+$ und $-$ zum Verknüpfen auf, womit wir schlussendlich zum Spannendsten gelangen, der Produktions-Menge

$$P := \{S \longrightarrow (S) \, | \, S + S \, | \, S - S \, | \, a \, | \, b\}.$$

Der $|$ ist hier nur als kompakte Trenn-Notation aufzufassen; so bedeutet z. B. $\{S \longrightarrow (S) \, | \, b\}$ in der Lang-Fassung $\{S \longrightarrow (S), \; S \longrightarrow b\}$, womit man mehrere Möglichkeiten anbietet, vom imaginären Startpunkt S aus eine gewünschte Zeichenkette zu bilden.

Typ-3-Sprache

$$P := \{[N \ni] H \longrightarrow z \ [\in \{\varepsilon\} \cup \Sigma N^{0/1}]\} :$$

Ein Nicht-Terminal produziert entweder das leere Wort oder aber ein Zeichen, gefolgt von nichts mehr oder noch genau einem Nicht-Terminal. (Da ggf. ein Nicht-Terminal rechts des Alphabet-Symbols platziert wird, nennt man diese Grammatik *rechts-linear*. Es gibt auch eine dazu äquivalente links-lineare Konstruktion.) Eine derartige Typ-3-Grammatik liefert eine *reguläre* Sprache.

Chomsky-Hierarchie

Eine Sprache ist vom Typ i, wenn es eine dazugehörige Typ-i-Grammatik gibt; das maximal mögliche i kommt zum Tragen. Sprachen gleichen Typs werden zu entsprechenden Sprach-Klassen L_i zusammengefasst; es gilt die Teilmengen-Kaskade:

$$L_3 \subset L_2 \subset L_1 \ (\subset L_{\text{entscheidbar}}) \subset L_0.$$

Das *Wort-Problem* WP lautet ganz allgemein wie folgt:

Gegeben ein Wort $w \in \Sigma^*$ und eine Grammatik G; entscheide, ob sich w gemäß G herleiten lässt: „$w \in L(G)$?".

Folgende WP$_i$-Aussagen gelten für die vier Sprach-Klassen L_i:

- WP$_3 \in \mathcal{P}$, linear: $O(|w|)$ $[|\cdots|$ gibt die Wort-Länge an]
- WP$_2 \in \mathcal{P}$, kubisch: $O(|w|^3)$ [schon etwas unangenehm]
- WP$_1 \in \mathcal{P} - \text{SPACE}$ $[\supseteq \mathcal{NP}$, gar exponentiell]
- WP$_0$ ist nicht entscheidbar [„unentscheidbar"].

Eine Sprache L ist *entscheidbar* genau dann wenn L und $\overline{L}$ *rekursiv aufzählbar* (generierbar) sind, wobei $\overline{L}$ das Komplement einer Sprache L bezeichnet, die Menge aller Wörter, die nicht in L enthalten sind. Sprachen aus o. g. L_i sind mindestens rekursiv aufzählbar (oder einfacher), für $i > 0$ auch das jeweilige Komplement, weshalb Sprachen dieser drei Klassen alle entscheidbar (berechenbar) sind und somit Komplexitäts-Aussagen ermöglichen. WP$_0$ jedoch ist unentscheidbar, da sich eine Sprache $\overline{L} \in L_0 \backslash L_{\text{entscheidbar}}$ nicht aufzählen lässt; eine eingängige Erläuterung hierzu findet sich am Kapitel-Ende.

2.3   Automaten-Theorie

Zu allen vier Klassen generierender Sprachen gibt es Typen akzeptierender Automaten: Typ-0: *Turing-Maschine,* Typ-1: *linear beschränkter Automat,* Typ-2: *Keller-Automat,* Typ-3: *endlicher Automat.* Wie bei den korrespondierenden Sprach-Klassen gilt auch hier: je höher die Typ-Nummer, je bescheidener fällt die Ausdrucks-Mächtigkeit der Maschine aus – und lässt sich dafür entsprechend einfacher konstruieren. Die Automaten gibt's jeweils in einer deterministischen und nicht-deterministischen Variante; sie bekommen also entweder eindeutig den nächsten Schritt vorgegeben oder haben die Wahl aus einer Menge von Folge-Zuständen, um alle für die jeweilige Aufgabe benötigten Fälle von Alternativen abzudecken.

Typ-3: Deterministischer Endlicher Automat

(„deterministic finite automaton", **DFA**):

$$(q_0, Q, F, \Sigma, \delta)$$

q_0: Start-Zustand $(\in)$
Q: Zustands-Menge $(\supseteq F\!:)$
F: Finalzustands-Menge (Menge der akzeptierenden Zustände)
Σ: Alphabet-Menge
δ: Übergangs-Funktion: $Q \times \Sigma \longrightarrow Q$.

$$L(\text{DFA}) = \{w \in \Sigma^* \mid \text{DFA akzeptiert } w\}.$$

Zu den wichtigen Begriffen *Korrektheit* und *Vollständigkeit:*

Die o. g. Menge $L(\text{DFA})$ ist *korrekt,* wenn sie nur korrekte Wörter aufnimmt; damit macht man keine Aussage darüber, ob auch alle gewünschten Wörter enthalten sind (nur dass keins falsch ist). Die Menge ist *vollständig,* wenn sie alle korrekten Wörter aufnimmt; damit macht man keine Aussage darüber, ob auch alle enthaltenen Wörter gewünscht sind (nur dass kein richtiges fehlt). Mit der intendierten Interpretation des Vorhandenseins beider Eigenschaften stellt die resultierende Sprache $L(\text{DFA})$ genau die gedachte Wort-Menge dar.

Beispiel: $L(\text{DFA}) := \{p01s \mid p, s \in \{0, 1\}^*\}$, die Menge aller möglichen Wörter bestehend aus mindestens den beiden nebeneinander stehenden Zeichen 0 und 1, ein ggf. davor befindliches beliebiges Präfix p und evtl. am Ende noch ein abschließendes beliebiges Suffix s, konstruierbar wie folgt:

q_0: Start-Zustand $\in$

$Q := \{q_0, q_1, q_2\} \supseteq$
$F := \{q_2\}$ (Menge mit hier genau 1 akzeptierenden Zustand)
Σ: *boole*sche Menge $\{0, 1\}$
$\delta(q_0, 1) := q_0$, $\delta(q_0, 0) := q_1$, $\delta(q_1, 0) := q_1$, $\delta(q_1, 1) := q_2$,
$\delta(q_2, 0) := q_2$, $\delta(q_2, 1) := q_2$.

Sehen wir uns die 6 Fälle möglicher Zustands-Übergänge an: Im 1. Fall lesen wir im Start-Zustand eine 1, womit wir keinen Deut schlauer geworden sind als wir's am Anfang gewesen sind. Im 2. Fall lesen wir im Start-Zustand eine 0, womit wir einen Schritt weiter gekommen sind, auf unserem Weg des Lesens eines 01-Paares. Im 3. Fall lesen wir, im Zustand bisher mindestens eine Null gelesen zu haben, nun eine weitere 0, womit alle schon vorher existierenden Nullen im Präfix stecken (hinter ggf. ganz am Anfang gefundener Einsen). Im 4. Fall lesen wir zum ersten Mal in direktem Anschluss an eine Null nun eine 1, womit wir erstmals ein 01-Paar gefunden haben. Im 5. und 6. Fall akzeptieren wir jede Eingabe, da wir bereits auf das gewünschte Zeichen-Paar gestoßen sind – weshalb wir keinen frischen Zustand brauchen. Typischerweise wird δ in einem sogenannten Zustands-Übergangs-Graphen visualisiert, wobei die Knoten die Zustände darstellen und die Pfeile mit dem jeweils aktuell vorherrschenden Eingabe-Zeichen beschriftet sind. Die finalen Zustände werden zudem noch mit einem weiteren Kreis um den entsprechenden Knoten ausgezeichnet. Als zusätzliche Darstellungsform hat sich des Weiteren die Zustands-Übergangs-Tabelle etabliert, eine Matrix mit den einzelnen Zuständen in den Zeilen, den Alphabet-Zeichen in den Spalten und dem entsprechenden Folge-Zustand in der jeweiligen Zelle, dem Schnitt-Feld einer Zeile mit einer Spalte.

Wie wär's mit einem Grammatik-Recall? Diesmal fangen wir nicht „from scratch" an, sondern orientieren uns einfach an o. g. Zustands-Übergängen, was folgende *P*roduktionen liefert:

$$S \longrightarrow 1S \,|\, 0T, \quad T \longrightarrow 0T \,|\, 1U, \quad U \longrightarrow 0U \,|\, 1U \,|\, \epsilon.$$

Schauen wir uns mal nur die Start-Möglichkeiten $S \longrightarrow 1S \,|\, 0T$ hier an und vergleichen dies mit den Automaten-Übergängen: $\delta(q_0, 1) := q_0$, $\delta(q_0, 0) := q_1$. Dann wird sofort klar, welches Symbol welche Rolle spielt. Ausgehend vom fertigen Automaten lässt sich die Grammatik entsprechend Schritt für Schritt aufbauen: $q_0 =: S$; das eingelesene Zeichen 1 wird in die rechte Seite der Produktion aufgenommen, gefolgt von einem Nicht-Terminal ([Hilfs-]Variable), welches sich gemäß des o. g. Zustands ergibt: bleibt im Automaten der Zustand (hier q_0) stabil, so wird auch in der Grammatik die Variable (hier S) wiederholt, und bei einem neuen Folge-Zustand (hier q_1 beim Lesen einer 0) erscheint eine neue Grammatik-Variable (T).

Entsprechend umgekehrt verhält es sich, aufsetzend auf gegebener Grammatik den dazugehörigen Automaten zu bauen.

In der bisherigen Automaten-Darstellung haben wir formal nur das Lesen genau eines Alphabet-Zeichens zugelassen – über die sogenannte „einfache" Übergangs-Funktion. Es folgt nun die Definition für die „erweiterte" Übergangs-Funktion zum Lesen eines ganzen Wortes – letztlich dann rückführend auf das sukzessive Lesen des aktuell rechts stehenden Zeichens:

$$\bar{\delta} : \ Q \times \Sigma^* \longrightarrow Q.$$

(Die Konstruktion entspricht dem Prinzip einer Induktion über die Länge eines Wortes; siehe hierzu das im Anfangs-Kapitel genannte deutsch-sprachige Mathe-Buch. $\ddot{\smile}$)

$\bar{\delta}(q, \epsilon) := q$ $[\,|\epsilon| = 0\,]$

Präfix $x \in \Sigma^*$, Suffix $a \in \Sigma$; $w := xa \ \in \Sigma^+$ $[\,|w| > 0\,]$

$\bar{\delta}(q, w) := \delta(\bar{\delta}(q, x), a).$

$L(\text{DFA}) = \{w \in \Sigma^* \mid \bar{\delta}(q_0, w) \in F\}.$

Beispiel: $L(\text{DFA}) := \{w \in \{0, 1\}^* \mid w$ hat sowohl eine
                              gerade Anzahl Nullen als auch Einsen$\}.$
    Dies lässt sich wie folgt konstruieren:

q_0: Start-Zustand
Σ: *boole*sche Menge $\{0, 1\}$
q_0 := Anzahl Nullen *gerade,* Anzahl Einsen *gerade*
q_1 := Anzahl Nullen *gerade,* Anzahl Einsen *ungerade*
q_2 := Anzahl Nullen *ungerade,* Anzahl Einsen *gerade*
q_3 := Anzahl Nullen *ungerade,* Anzahl Einsen *ungerade*
$Q := \{q_0, q_1, q_2, q_3\} \quad \supseteq$
$F := \{q_2\}$ (Menge mit hier genau 1 akzeptierenden Zustand).

Sehen wir uns die 8 Fälle möglicher Zustands-Übergänge an:

$$\delta(q_0, 0) := q_2 \, , \ \delta(q_0, 1) := q_1 \, , \ \delta(q_1, 0) := q_3 \, , \ \delta(q_1, 1) := q_0,$$

$$\delta(q_2, 0) := q_0 \, , \ \delta(q_2, 1) := q_3 \, , \ \delta(q_3, 0) := q_1 \, , \ \delta(q_3, 1) := q_2.$$

Der Start-Zustand ist natürlich zugleich End-Zustand, da nur in q_0 sowohl die Anzahl der Nullen als auch der Einsen jeweils *gerade* ist. Im 1. Fall lesen wir in q_0 eine 0, womit wir eine *ungerade* Anzahl Nullen, jedoch noch eine *gerade* Anzahl Einsen haben (q_2). Im 2. Fall lesen wir in q_0 eine 1, womit wir zwar noch eine *gerade* Anzahl Nullen, nun aber eine *ungerade* Anzahl Einsen vorliegen haben (q_1). Im 3. Fall lesen wir in q_1 eine 0, womit wir eine *ungerade* Anzahl sowohl an Nullen als auch an Einsen haben (q_3). Im 4. Fall lesen wir in q_1 eine 1, womit wir wieder eine *gerade* Anzahl sowohl an Nullen als auch an Einsen vorliegen haben (q_0). Im 5. Fall lesen wir in q_2 eine 0, womit wir ebenso wieder über eine *gerade* Anzahl sowohl an Nullen als auch an Einsen verfügen (q_0). Im 6. Fall lesen wir in q_2 eine 1, womit wir eine *ungerade* Anzahl sowohl an Nullen als auch an Einsen haben (q_3). Im 7. Fall lesen wir in q_3 eine 0, womit wir zwar eine *gerade* Anzahl Nullen, aber noch eine *ungerade* Anzahl Einsen vorliegen haben (q_1). Im 8. Fall lesen wir in q_3 eine 1, womit die Anzahl Nullen noch *ungerade,* aber die der Einsen immerhin *gerade* ist (q_2).

Dieser Automat kann nur korrekt entworfen sein, wenn er ausschließlich richtige Eingaben akzeptiert und alle falschen verwirft. Testen wir ihn also im Hinblick auf dieses unterschiedliche Ausgabe-Verhalten; wir geben einmal ein richtiges und anschließend ein falsches Wort ein, was der Automat dann jeweils korrekt handhaben soll: das richtige anzunehmen und das falsche zurückzuweisen. (Dies ist das Mindeste, was man durchspielt; es stellt keinen Beweis dar – den man der Vollständigkeit halber letztlich noch durchführen müsste.)

$$w_0 := 1001 \, , \, w_1 := 010. \qquad \text{Test} : w_i \in L(\text{DFA})?$$

- $\bar{\delta}(q_0, 1001) = \delta(\bar{\delta}(q_0, 100), 1) = \delta(\delta(\bar{\delta}(q_0, 10), 0), 1) = \delta(\delta(\delta(\bar{\delta}(q_0, 1), 0), 0), 1)$

  $= \delta(\delta(\delta(\delta(\bar{\delta}(q_0, \epsilon), 1), 0), 0), 1) = \delta(\delta(\delta(\delta(q_0, 1), 0), 0), 1) = \delta(\delta(\delta(q_1, 0), 0), 1)$

  $= \delta(\delta(q_3, 0), 1) = \delta(q_1, 1) = q_0 \in F \implies w_0 \in L(\text{DFA})$

- $\bar{\delta}(q_0, 010) = \delta(\bar{\delta}(q_0, 01), 0) = \delta(\delta(\bar{\delta}(q_0, 0), 1), 0) =$

  $\delta(\delta(\delta(\bar{\delta}(q_0, \epsilon), 0), 1), 0) = \delta(\delta(\delta(q_0, 0), 1), 0) = \delta(\delta(q_2, 1), 0) = \delta(q_3, 0) = q_1$

  $\notin F \implies w_1 \notin L(\text{DFA})$

(Es sieht demnach gut aus; ein formaler Beweis ginge dann typischerweise via Fall-Unterscheidung über die Wort-Länge.)

Die beiden Tests illustrieren schön die Komplexitäts-Aussage zum Wort-Problem WP_3 im Abschnitt über die Chomsky-Hierarchie, nämlich die lineare Lauf-Länge – die benötigt wird (aber auch ausreicht), um zu entscheiden, ob ein Typ-3-Wort vom zugehörigen Automaten korrekt erkannt wird. Kommen wir nun zu der kompakten Notation, im nächsten Schritt als Ausgabe eine Menge von Alternativen anzubieten:

Nicht-deterministischer Endlicher Automat

(„non-deterministic finite automaton", **NFA**):

$$(q_0, Q, F, \Sigma, \delta)$$

q_0: Start-Zustand   ($\in$)
Q: Zustands-Menge   ($\supseteq F$:)
F: Finalzustands-Menge (Menge der akzeptierenden Zustände)
Σ: Alphabet-Menge
δ: Übergangs-Funktion: $Q \times \Sigma \longrightarrow 2^Q$ (Potenz-Menge von Q)

$$L(\text{NFA}) = \{w \in \Sigma^* \mid \text{NFA akzeptiert } w\}.$$

Auch hier kann man selbstverständlich ein ganzes Wort lesen:

$$\bar{\delta} \colon Q \times \Sigma^* \longrightarrow 2^Q.$$

Vorbemerkungen: Zuerst schauen wir uns ein Wort an, welches aus mindestens einem ganz rechts stehenden Buchstaben besteht und links davor beliebig aussieht, ggf. auch ein leeres Präfix hat. Dann sammeln wir alle möglichen Folge-Zustände des Präfix-Teils in einer Menge von Alternativen auf. Darauf aufbauend konstruieren wir alle Zustände, die sich im Folgenden noch durch das Lesen des rechten Buchstabens ergeben:

$$w := xa \ (\in \Sigma^+; \text{ Präfix } x \in \Sigma^*, \ a \in \Sigma);$$
$$\bar{\delta}(q, x) := \{p_1, p_2, \dots, p_k\}, \ \cup_{i:=1}^k \delta(p_i, a) =: \{r_1, r_2, \dots, r_m\}.$$

Hiermit kommen wir zum schon üblichen rekursiven Aufbau:

$$\bar{\delta}(q, \epsilon) := \{q\} \qquad\qquad\qquad [\, |\epsilon| = 0 \,]$$
$$\bar{\delta}(q, w) := \{r_1, r_2, \dots, r_m\} \ \text{(siehe oben)} \qquad [\, |w| > 0 \,]$$

$$L(\text{NFA}) = \{w \in \Sigma^* \mid \bar{\delta}(q_0, w) \cap F \neq \emptyset\}.$$

Dieser Nichtdeterminismus bringt keine höhere Ausdruckskraft:

$$L(\text{DFA}) = L(\text{NFA}).$$

Reichern wir einen NFA, ausgestattet mit einer erweiterten Übergangs-Funktion (welche wir hier der Einfachheit halber nur mit δ bezeichnen), mit einem Hilfs-Speicher an, so erhalten wir das Konzept zur Erkennung kontext-freier Sprachen:

Typ-2: Nicht-deterministischer Keller-Automat

(„non-deterministic push-down automaton", **NPDA**):

$$(q_0, Q, F, \Sigma, \Gamma, \delta)$$

q_0: Start-Zustand   ($\in$)
Q: Zustands-Menge   ($\supseteq F$:)
F: Finalzustands-Menge (Menge der akzeptierenden Zustände)
Σ: Alphabet-Menge
Γ: Menge der Keller-Symbole
$\delta: Q \times \Sigma^* \times \Gamma^* \longrightarrow 2^{(Q \times \Gamma^*)}$
Es gibt noch 1 Sonder-Zeichen zur Anzeige des leeren Kellers:
$\perp$: Bottom-Symbol.

$$L(\text{NPDA}) = \{w \in \Sigma^* \mid \text{NPDA akzeptiert } w\}.$$

Auch hier gibt es eine deterministische Variante, den

DPDA

Das dem Wort unterliegende „Keller"-Prinzip wird in der bisherigen Notation zunächst leider nicht sichtbar. Man könnte es sich folgendermaßen vorstellen, bspw. zum Abgleich der Anzahl schließender Klammern im Vergleich zu den öffnenden: Die öffnenden werden im Keller gestapelt und beim Auftreffen einer schließenden wird eine vorhandene öffnende Klammer vom Stapel gelöscht, s. d. ein leerer Keller ein zu akzeptierendes Wort signalisiert. (Bliebe eine öffnende Klammer übrig, hätte man eine schließende zu wenig; würde man noch gern eine öffnende löschen, hätte man eine schließende zu viel.) Dieses Vorgehen wäre, je nach Sichtweise, weder korrekt noch vollständig. Warum? Na ja …: ginge der Ausdruck nach perfekter Klammerung noch weiter, hätte der Keller-Automat bereits aufgehört zu arbeiten – obwohl es nach jeweiliger Aufgabenstellung sowohl falsch als auch richtig weiter-gehen könnte, der Automat demnach entweder inkorrekt oder unvollständig wäre. Es funktioniert demnach nur, wenn ein korrektes Wort nicht mehr richtig verlängert werden kann; anders ausgedrückt: wenn ein korrektes Wort keine echte Vorsilbe („Präfix") als gültiges Wort beinhaltet. Dieses letztgenannte Feature nennt man die *Präfix-(Freiheit-)Eigenschaft* – dass also ein korrektes Wort nicht schon in seinem vorderen Bestandteil (im Präfix) eine gültige Zeichenkette beheimatet, demnach präfix-frei ist:

$$p, s \in \Sigma^+ \; ; \quad w := ps \in L \implies p \notin L.$$

Ist dies nicht gewährleistet, erkennt der DPDA über das Keller-Leeren weniger Wörter als durch Übergehen in End-Zustände:

$$L(\text{DPDA}_{\text{Keller--Leeren}}) \; \subset \; L(\text{DPDA}_{\text{End--Zustand}}).$$

Beispiel: $a - (b + c) \in L(\text{Klammer--Ausdruck}) \ni a - (b + c) \cdot d$. Beide Ausdrücke sind korrekt geklammert, weshalb der Keller-Automat im zweiten Fall nicht bereits nach $a - (b + c)$ aufhören sondern weitermachen sollte, um den hinteren Produkt-Teil (gemäß „Punkt-vor-Strich") erfassen zu können.

Unsere Telefonnummern stellen ein Alltags-Beispiel dar: Wenn jemand die 1234 hat, so hat keiner die 123 – schließlich würde der Automat die vierstellige Nummer nie anwählen, da er vorher bei der 123 fündig werden würde (einsichtig, wenn man die alte Wählscheibe vor Augen hat); im Analog-Zeitalter wurden von Anfang an die Telefon-Nummern präfix-frei gestaltet. (Die bei wachsender Teilnehmerzahl zu klein gewordene Menge an präfix-freien Kodierungen behält diese Eigenschaft dadurch, indem nicht hinten [im Suffix], sondern vorne [im Präfix] eine wohl-überlegte Ziffer einheitlich ergänzt wird.)

Weiß man aber nicht, ob ein Wort noch eine gültige Verlängerung erfährt, muss man eine Verzweigung bereithalten – zum Aufhören und zum Weitermachen; dies muss ggf. sogar mehrmals möglich sein. Elegant aufbereitet wird eine solche Menge von Alternativen durch das Konzept des Nichtdeterminismus, der in dieser Typ-2-Variante eine höhere Ausdruckskraft hat:

$$L(\text{DPDA}) \; \subset \; L(\text{NPDA}).$$

Beispiel: Spiegelung:
Sei Σ das Binär-Alphabet, $w_p \in \Sigma^*$ und $\rho(w_p)$ seine Spiegelung (also w_p von rechts nach links gelesen);
$w := w_p \rho(w_p)$ sei nun ein Wort, welches sich aus dem Präfix w_p und dessen Spiegelung $\rho(w_p)$ als Suffix zusammensetzt. Die Menge aller so konstruierbaren Wörter bezeichnen wir hier mit $L_\rho := \{w \in \Sigma^* \mid w = w_p \rho(w_p)\}$.
Das Problem hierbei ist natürlich, sich zu entscheiden bzw. wissen zu wollen, ab wann man w zur Hälfte gelesen hat, s. d. im Anschluss die Spiegelung beginnen

kann: Sei $w' := 11$ mit $w'_p := 1 = \rho(w'_p)$, $w'' := 110011$ mit $w''_p := 110$ und $\rho(w''_p) = 011$; es gilt: w', $w'' \in L_\rho$, und zugleich ist w' Präfix von w'' (L_ρ ist nicht präfix-frei). Beim Lesen eines Wortes weiß die Maschine im vorbestimmten („deterministischen") Modus nicht, ob sie aufhören oder auf eine gültige Verlängerung spekulieren soll: Bei w' würde sie ggf. fälschlicherweise nach der ersten 1 nicht spiegeln (sondern durchlaufen und hätte dann nichts mehr zu spiegeln), und bei w'' würde sie evtl. bereits nach der ersten 1 falsch spiegeln wollen (statt weiterzulaufen).

Na, wieder Lust auf einen Grammatik-Recall? ⌣ Bitteschön:

$$P_\rho := \{S \longrightarrow \epsilon \mid 0S0 \mid 1S1\}.$$

Dies produziert natürlich geradzahlig-breite Palindrome. Wie sähe die Grammatik für ungeradzahlig-breite Palindrome aus? Ist nicht schwer, daher hier gleich die Auflösung:

$$P^{\mathrm{u}}_{\mathtt{Pal}} := \{S \longrightarrow 0 \mid 1 \mid 0S0 \mid 1S1\}.$$

Allgemeine Palindrome beider Paritäten erfasst man ganz einfach durch die Vereinigung dieser beiden Mengen P_ρ und $P^{\mathrm{u}}_{\mathtt{Pal}}$:

$$\{S \longrightarrow \epsilon \mid 0 \mid 1 \mid 0S0 \mid 1S1\}.$$

Zum Abschluss des Typ-2-Automaten bauen wir jetzt noch den Spiegel (engl. „mirror") m gleich mit ein – damit wir endlich wissen, wann/wo gespiegelt wird ⌣ :

$$m \notin \Sigma, \quad \Sigma_m := \Sigma \cup \{m\},$$

$$P_m := \{S \longrightarrow m \mid 0S0 \mid 1S1\};$$

$$L_m := \{w := w_p m \rho(w_p) \in \Sigma^+ \mid w_p \in \Sigma^*, \ m \in \Sigma_m \setminus \Sigma\}.$$

Ist L_m präfix-frei? Klar ⌣ :

In jedem korrekten Wort steht genau in der Mitte das Spiegel-m (anders kann es gar nicht gebildet werden) – daher konnte es nicht schon vorher kommen (weshalb ein korrektes Wort keinen gültigen Präfix hat); des Weiteren besitzt ein korrektes Wort hinter dem m die gleiche Anzahl Zeichen wie vor dem m, weshalb es auch selbst kein Präfix für ein längeres Wort aus der gewünschten Sprache darstellen kann.

Typ-1: Linear beschränkter Automat (LBA)

$$L(\text{LBA}) = \{w \in \Sigma^* \mid \text{LBA akzeptiert } w\}.$$

Als Kurz-Beschreibung möge ausnahmsweise ein Vorblick auf das folgende Konzept der Turing-Maschine (TM) dienen: Der LBA ist eine TM, welche ihren Eingabe-Bereich nicht verlässt – also auf zwei Seiten, links und rechts, begrenzt ist; die Anzahl an Konfigurationen ist endlich. Ihn gibt es sowohl in deterministischer als auch nicht-deterministischer Version; ob letztere mächtiger ist, stellt eine noch offene Fragestellung dar.

Typ-0: Turing-Maschine (TM)

$$(q_0, Q, F, \Sigma, \sqcup, M, \delta)$$

q_0: Start-Zustand   ($\in$)
Q: Zustands-Menge ($\supseteq F$:)
F: Finalzustands-Menge (Menge der akzeptierenden Zustände)
Σ: Alphabet-Menge ($\not\ni \sqcup$)
$\sqcup$: Leerzeichen/Trenn-Symbol; $\Sigma_\sqcup$: Band-Alphabet $:= \Sigma \cup \{\sqcup\}$
M: Bewegungs-Menge $:= \{l, r, s\}$ (*l*inks, *r*echts, *s*tehen)
δ: Übergangs-Funktion: $Q \times \Sigma_\sqcup \longrightarrow Q \times \Sigma_\sqcup \times M$

$$L(\text{TM}) = \{w \in \Sigma^* \mid \text{TM akzeptiert } w\}.$$

Die TM gibt es in deterministischer und nicht-deterministischer Version; letzte bringt keine höhere Ausdruckskraft; es gilt:

$$L(\text{DTM}) = L(\text{NTM}).$$

2.4   Unberechenbarkeit/Unentscheidbarkeit

Eine allgemeine L_0-Sprache L ($\notin L_{\text{entscheidbar}}$) ist nicht entscheidbar (also „unberechenbar", ebenso $\overline{L}$), da $\overline{L}$ nicht rekursiv aufzählbar ist: Eine L_i-Sprache L zählt immer alle korrekten Wörter auf; $\overline{L}$ würde alle Wörter aufzählen, welche nicht in L enthalten sind, im Vergleich zu L also alle falschen Wörter. Könnte man für jedes Wort entscheiden, ob es in L oder in $\overline{L}$ liegt, so wäre das jeweilige WP_i entscheidbar. Die *Church-Turing-Hypothese* besagt nun, dass die TM-Klasse alle

Algorithmen umfasst, gar der Menge aller „partiell" berechenbaren Funktionen entspricht. Partielle Funktionen lassen Definitions-Lücken zu. Man kann also bei einer Eingabe nicht sicher sein, ob sie überhaupt definiert oder eben undefiniert ist; es ist keine Unterscheidung zwischen falschen und unerlaubten Werten möglich. Da man zwar korrekte aber nicht alle falschen Wörter sicher aufsammeln kann, ist das im Sprach-Abschnitt genannte WP_0 [im Automaten-Jargon „$w \in L(TM)$?"] unentscheidbar.

Mit dem Diagonalisierungs-Coup von G. F. L. P. Cantor lässt sich nun die Existenz dieser Unbestimmtheit – dass man noch nicht einmal weiß, ob die Maschine (mit sinnhafter Ausgabe) überhaupt (an)hält – elegant beweisen: das „Halte-Problem". Hierzu bauen wir eine 2-dimensional unendlich große Matrix auf: Der Top-Header für die Spalten-Köpfe stellt unendlich viele Eingabe-Szenarien dar, die Spalte ganz links die Zeilen-Beschriftungen für unendlich viele Algorithmen; jeder einzelne Zellen-Eintrag im Hauptteil ist jeweils ein Binär-Wert: entweder y („yes") für „Algorithmus dieser Zeile terminiert in dem im Spalten-Header genannten Eingabe-Fall" oder n („no") für „terminiert nicht". Im Folgenden belegen wir beispielhaft eine solche Matrix mit Werten:

	0	1	2	3	$\dots$
A_0	**y**	n	n	y	$\cdots$
A_1	y	**n**	y	y	$\cdots$
A_2	n	y	**n**	y	$\cdots$
A_3	y	y	n	**y**	$\cdots$
$\vdots$	$\vdots$	$\vdots$	$\vdots$	$\vdots$	$\ddots$

Nun betrachten wir die Haupt-Diagonale als Belegungs-Vektor V und finden folgende Terminierungs-Aussagen in Bezug auf die einzelnen Algorithmen mit dem jeweiligen Eingabe-Fall in der Zelle mit identischem Zeilen- und Spalten-Index $[A_i, i]$:

$$([A_0, 0], [A_1, 1], [A_2, 2], [A_3, 3], \dots) := (\mathbf{y}, \mathbf{n}, \mathbf{n}, \mathbf{y}, \dots) =: V.$$

Jetzt negieren wir V und definieren so im Folgenden einen Algorithmus A. Dabei ist es nun interessant zu wissen, ob er in der abzählbar unendlich tiefen Algorithmen-Aufzählung A_0, A_1, A_2, A_3, usw. schon enthalten ist oder nicht; im letztgenannten

Fall wäre er neu, und die (abzählbare) Unendlichkeit des Zahlenstrahls (über den die Nummerierung der Algorithmen läuft) würde nicht ausreichen.

$$A := \neg V := (\neg\mathbf{y}, \neg\mathbf{n}, \neg\mathbf{n}, \neg\mathbf{y}, \ldots) := (n, y, y, n, \ldots).$$

(Wir könnten A virtuell oben in der Tabelle über den erstgenannten Algorithmus A_0 schieben. [Unten gegen Ende würd's schwierig werden. ☺]) Gibt es nun ein i mit $A_i = A$ oder nicht? Natürlich nicht: im Vergleich zur Zelle $[A_i, i]$ steht nach Definition von A dort in der Spalte i der entsprechend negierte (Binär-)Wert, also ist A jeweils an mindestens einer Spalten-Nummer verschieden von allen anderen unendlich vielen Algorithmen (Zeilen-Betrachtung). Die folgende Spalten-Betrachtung gibt uns nun den Rest – zur Darbietung des Halte-Problems: In jeder Spalte ist mindestens 1 n notiert: entweder schon in der Original-Matrix an der Stelle $[A_i, i]$ (wie bspw. in der Spalte 1 bei A_1), oder wenn in einer Spalte auf der Diagonalen in der Ur-Matrix ein y steht (wie bspw. in der Spalte 0 bei A_0) befindet sich dessen Negat n in dieser Spalte (0) in A. Wir haben demnach keine einzige n-freie Spalte, d. h.: unabhängig des Eingabe-Falls könnten wir nie die Situation ausschließen, einen Algorithmus vorliegen zu haben der mit dieser Eingabe nicht terminiert – heißt: die Möglichkeit des Nicht-Haltens ist stets gegeben. Es gibt folglich keinen Meta-Algorithmus, der für uns entscheidet, ob ein vorliegendes Computer-Programm bei beliebiger Eingabe immer eine Ausgabe berechnet („Unberechenbarkeit"/„Unentscheidbarkeit"). Das Halte-Problem in seiner allgemeinsten Form ist nicht algorithmisierbar.

In der Tat ist die i. Allg. unentscheidbare Sprach-Klasse L_0 eine Potenz-Menge, also eine Menge M aller Teilmengen bezogen auf eine gegebene Grundmenge G [hier konkret: Σ^*]; dabei gilt immer: $|M| > |G|$. Ist G bereits abzählbar unendlich, dann hat M eine höhere Unendlichkeits-Stufe und ist überabzählbar ($\Longrightarrow$ es gibt keine Nummerierung) – ein weiterer, mathematischer, Grund für die Unberechenbarkeit des Halte-Problems.

Weiterführende Literatur

Atallah, M.J., Blanton, M. (Hrsg.): Algorithms and Theory of Computation Handbook; 2. Aufl., Bd. 1: General Concepts and Techniques, 978-1-13811-393-0 (paperback), 2017, Bd. 2: Special Topics and Techniques, 978-1-58488-820-8 (hardback). Chapman & Hall/CRC/Taylor & Francis, New York (2010)

Hopcroft, J.E., Motwani, R., Ullman, J.D.: Introduction to Automata Theory, Languages, and Computation; 3. Aufl., 978-0-321-47617-3, Pearson/Addison-Wesley, Boston, 2007, new international edition: 978-1-2920-5015-7 (eBook), 978-1-2920-3905-3 (paper), Pearson, 2014. Einführung in Automatentheorie, Formale Sprachen und Berechenbarkeit; 3., aktualisierte Auflage, 978-3-86-326509-0 (eBook), 978-3-86-894082-4 (Papier). Pearson Studium, Hallbergmoos, (Fachlektor: WHo ⌣) (2011)

Hower, W.: On an improvement of a global algorithm for the NP-complete constraint satisfaction problem; International Computer Science Institute, ICSI lecture, Berkeley, CA, U.S.A, 21. Juni 1996

Hower, W.: Theoretische Informatik – Unberechenbarkeit; 5. Landestagung der Fachgruppe der Hessischen und Rheinland-Pfälzischen Informatik-Lehrkräfte in der GI, Universität Frankfurt, 10 September 2012

Lewis, H.R., Papadimitriou, C.H.: Elements of the Theory of Computation; 2nd, international, edition, 978-0-13262-478-7 (paper). Pearson (1998)

Papadimitriou, C.H., Steiglitz, K.: Combinatorial Optimization – Algorithms and Complexity; 2. Aufl., 978-0-486-40258-1. Dover (1998)

Pudlák, P.: Logical Foundations of Mathematics and Computational Complexity – A Gentle Introduction; 10.1007/978-3-319-00119-7 (DOI), 978-3-319-34268-9 (softcover), 978-3-319-00118-0 (hardcover). Springer, Basel, Schweiz (2013)

Singh A.: Elements of Computation Theory; 10.1007/978-1-84882-497-3 (DOI), 978-1-4471-6142-4 (softcover), 978-1-84882-496-6 (hardcover). Springer, London, England, GB (2009)

Algorithmik

3

Hier besprechen wir einige programmiersprachen-unabhängige Strategien, Lösungen effizient zu erbringen – via eines *Algorithmus,* eine endliche Darstellung einer vordefinierten Befehlsfolge mit abschließender Ergebnis-Ausgabe. Ein solcher wird oft auf praktikable Aufgabenstellungen angewandt, kann man aber auch auf schwierige Probleme wie bspw. das *CSP* anwenden, wenn die vorliegende Eingabe-Größe klein ist. (Ansonsten bleiben immer noch Heuristiken, die zu Beginn des Schluss-Kapitels noch beleuchtet werden.)

3.1 Analyse und Entwurf

Die im Kapitel *Theoretische Informatik* eingeführte Notation der Größen-Ordnungen Ω, O und Θ lassen sich unabhängig voneinander auf verschiedene Eingabe-Fälle anwenden: den günstigsten („best case"), ungünstigsten („worst case") oder auf einen weniger extremen, wahrscheinlicheren Durchschnitts-Fall („average case"); es gibt theoretisch eine 2-dimensionale (3 × 3)-Tabelle an Kombinationen von Qualitäts-Anforderung (bspw. x-Achse) und Eingabe-Fall (dann y-Achse): man kann z.B. wissen wollen, wie lange auch der beste Algorithmus selbst im einfachsten Fall mindestens arbeiten muss bzw. welche Obergrenze an Rechenschritten auch bei schwierigster Eingabe nicht überschritten werden muss. Des Weiteren unterscheiden wir zwischen der Zeit zur Erstellung einer Lösung und der Antwort selbst mit ihrer Bedeutung sowie ihrem Speicher-Bedarf. Man kann in kurzer Zeit bspw. eine große Zahl generieren oder lange brauchen, bis eine kleine Ausgabe kommt – oder halt andere Zeit/Platz-Kombinationen; und dann kommt es ja noch darauf an, was damit geschieht. Diese drei Gesichtspunkte lassen sich sehr schön am gängigen und oft benötigten Mathe-Konstrukt „Fakultät $(=:_{\text{hier}} !)$" demonstrieren:

© Springer Fachmedien Wiesbaden GmbH, ein Teil von Springer Nature 2019
W. Hower, *Informatik-Bausteine*, Studienbücher Informatik,
https://doi.org/10.1007/978-3-658-01280-9_3

$$n! := \prod_{i:=1}^{n} .$$

Die Generierung ist linear, das Ergebnis exponentiell, was sich in $\Theta(n \cdot ld(n))$ Bits abspeichern lässt (Größen-Ordnung via Stirling-Annäherung, Speicher-Struktur: AVL-Baum [siehe Abschn. 3.4]). Und wenn dann, wie so oft, die generierte Zahl für eine abzuarbeitende Kombinatorik steht (# Permutationen in einer Reihenfolge-Problematik), dann wird das bitter.

Analysieren wir zunächst folgende einfache Informatik-Befehle (in PASCAL-like Pseudo-Code):

$$x := 2; \underline{for} i := 1 \underline{to} n \underline{do} x := x \cdot x .$$

Welche Ausgabe(-Größe) liefert dieses Programm-Stück nach etwa wie vielen (wenigen ☺) Schritten?

Tasten wir uns mal über die ersten vier Fälle heran:

$n := 0$: Dann läuft die $\underline{for}$-Schleife leer (wird erst gar nicht betreten), und die Ausgabe-Variable x bleibt (0-mal verändert) bei 2 $[= 2^1 = 2^{(2^0)}$ – Notation später sichtbar].

Für $n := 1$ wird die 2 einmal quadriert auf 4 $[= 2^2 = 2^{(2^1)}]$.

$n := 2$: es wird ein zweites Mal quadriert: $(2^2)^2 = 2^4 \ [= 2^{(2^2)}]$.

Startet man mit $n := 3$, erhält man über's 3. Quadrieren

$$(2^{[2^2]})^2 = 2^{(2^2)} \cdot 2^{(2^2)} = 2^{(2^2 + 2^2)} = 2^{(2^2 \cdot 2^{[1]})} = 2^{(2^{[2+1]})} = 2^{(2^3)} .$$

Nun ist's klar: für beliebiges n ist $2^{(2^n)}$ die Ausgabe.

[Induktion über n würde letztlich die Allgemeingültigkeit beweisen.]

Hier ergibt sich in linearer Zeit eine doppelt-exponentiell große Zahl, welche (einfach-)exponentiell $[\Theta(ld(2^{[2^n]})) = \Theta(2^n)]$ viel Platz benötigt (etwas ungewöhnlich, aber erhellend).

Angenommen, wir sollten mit dem eben präsentierten Code-Fragment als Basis einen ähnlich strukturierten Algorithmus bauen, der nun aber einfach 2^n realisieren soll. An welchen zwei Stellen nur müssten welche Änderungen getätigt werden? Hier die Antwort: Der Initial-Wert wird auf die 1 gesetzt, und anstatt hinten zu multiplizieren (um damit zu quadrieren) wird lediglich addiert (und damit die 2^0 n-fach verdoppelt):

$$x := 1; \underline{for} i := 1 \underline{to} n \underline{do} x := x + x .$$

Hier sind sowohl Zeit- als auch Platz-Komplexität linear. Nebenbei: Beide Formel-Resultate sind algorithmisch noch einfacher zu erzielen, indem man für den Exponential-Ausdruck 2^h einfach das *MSB* („*m*ost significant *bit*"), also das ganz links stehende Binär-Zeichen auf 1 setzt und die rechts dahinter stehenden h Bits mit Nullen auffüllt, also konstant nur 1 Schaltung anlegt. (Die Nummerierung der Positionen im Bit-Vektor beginnt rechts mit der Nr. 0; 2^h benötigt $h + 1$ Stellen.)

3.2   Graphen mit Parametern

Algorithmen laufen üblicherweise auf einer abstrakten Struktur, darstellbar oft als *Graph* – notiert als Paar (V, E): eine Menge V (englisch: *v*ertices) von n (engl.: *n*odes) Knoten und eine Menge E von e (*e*dges) Kanten, welche gewisse Knoten paarweise (ggf. durchaus nicht alle) miteinander verbinden. Ließen sich alle Verbindungen überschneidungsfrei legen, ist der Graph *planar;* bei n Knoten hat er höchstens $3 \cdot (n - 2)$ Kanten. Der indirekte Beweis-Modus *Kontraposition* brächte: liegen mehr Kanten vor, so ist der Graph nicht planar. Sind alle theoretisch möglichen Kanten tatsächlich gezogen, handelt es sich um einen *vollständigen* Graphen (siehe auch bereits Abschn. 1.3). Interessieren nur die eigentlichen Verbindungen, so spricht man von einem *ungerichteten* Graphen. Kommt es doch auf die Richtung an („von A [Ausgangs-] nach Z [Ziel-Knoten]"), spricht man von einem *gerichteten* Graphen; ist dieser zusätzlich „vollständig" so gilt dann für die Kanten- in Bezug auf die Knoten-Anzahl: $e_n = n \cdot (n - 1)$, da jeder der n Knoten einen „Pfeil" auf jeden seiner $n - 1$ Nachbarn richtet (und damit natürlich auch umgekehrt von jedem seiner Nachbarn ein Pfeil auf einen zeigt).

Die informatik-typischste Struktur ist jedoch der *Binär-Baum:* Ein bestimmter Knoten wird *Wurzel* genannt. Von dort gehen maximal zwei Kanten mit je 1 Knoten ab; an diesen Knoten hängen wieder höchstens zwei Kanten mit je 1 Knoten, usw. Es gilt daher: $n = 1 + e_n$, gängiger wie folgt notiert: $e_n = n - 1$. Diese lineare Beziehung gilt übrigens für beliebige Bäume, also auch für höhere Verzweigungs-Grade. Graphen-theoretisch definiert diese Gleichung bereits ganz allgemein einen Baum, ohne Interpretation irgendeiner Blick-Richtung. Intuitiv stellen wir uns natürlich oft eine/die (Baum-)Wurzel als Start-Knoten „oben" in einem einseitig gerichteten („gewurzelten") Baum vor, der seine Blätter „unten" hat.

In Optimierungs-Aufgaben sind die Kanten typischerweise gewichtet; in der Ausprägung „Minimierung" ist man bspw. an kürzesten Routen interessiert, in der Ausprägung „Maximierung" ggf. am größten Durchsatz. In der Netzwerk-Architektur „interconnection topologies", fest verdrahtete Strukturen, will man z. B. wissen, wie lange es maximal dauert, um von einem beliebigen Computer-Knoten

zu irgendeinem anderen zu gelangen. Der ungünstigste Fall („worst case") exis-
tiert dann zwischen zwei Computern, die am weitesten voneinander entfernt liegen.
(Dieser Extrem-Fall stellt nicht zwangsläufig einen Einzelfall dar und kann natürlich mehrfach vorliegen; er sagt nur aus, dass es nicht noch extremer wird.) Da
man dies immer noch auf dem schnellsten Weg (=: „Distanz") tun möchte, gibt die
„worst-case distance", die längste aller vorliegenden Optimal-Wege (zwischen zwei
Knoten), den denkbar ungünstigsten Eingabe-Fall wieder (der ja nicht beeinfluss-
bar ist); diese Länge nennt man den Graph-„Durchmesser". Sind Rechner in einer
gewissen fest vorgegebenen Struktur miteinander verbunden, so gibt der Durchmesser an, wie viele Schritte bspw. eine E-Mail von einem beliebigen Rechner
zu irgendeinem anderen höchstens braucht. Hierauf aufbauend, unter Berücksichtigung weiterer Parameter wie bspw. Erreichbarkeit in direkter Knoten-Nachbarschaft
($|\ldots|$ =: „degree") und Infrastruktur-Aufwand (# Kabel), wählt man eine geeig-
nete Verdrahtungs-Struktur (Ring, 2-dimensionaler Torus, Hyper-Würfel, ...) aus.
Anwendung finden solche Überlegungen z. B. in der Gestaltung von touchscreen-
freien Display-Oberflächen, Arrangierung von Kontaktdaten im Mobil-Telefon, o. ä.

3.3 Iteration und Rekursion

Häufig werden bestimmte Computer-Anweisungen in der gleichen Art und Weise
wiederholt ausgeführt. Zwei verschiedene Herangehensweisen bieten sich hierzu an:
Man kann bei einer Mini-Instanz, also der kleinsten Version, des Problems (welches der Rechner lösen soll) starten und hangelt sich Schritt für Schritt voran, bis die
geforderte Problem-Größe erreicht ist; dies nennt man englisch-sprachig „bottom-
up", je nach Philosophie auch mit „dynamic programming" bezeichnet. Von „unten"
baut man auf bisher gewonnenen Zwischen-Resultaten auf und gelangt schlussendlich zur gewünschten Lösung. Eine dazu typische Implementierungs-Form ist die
Iteration. Beginnt man hingegen beim Original-Problem, teilt dieses in kleinere
Teile auf, welche man wiederum nach dem gleichen Schema bearbeitet, bis man auf
Mini-Fälle trifft, so nennt man das „top-down", oft via „divide-and-conquer": Von
„oben" kommend gelangt man durch fortwährendes Aufteilen zu den einfachsten
Instanzen, welche man nun nach und nach zur Original-Struktur zusammensetzt
und so das ursprüngliche Problem löst. Eine dazu typische Implementierungs-Form
ist die *Rekursion*. Folgendes Problem möge die beiden prinzipiellen Herangehensweisen beleuchten.

Wir berechnen nun die *F*ibonacci-Zahlen – wie folgt definiert:

$$F_0 := 0, \quad F_1 := 1; \quad F_{n_{[\geq 2]}} := F_{n-1} + F_{n-2}.$$

Die Fibonacci-Folge beginnt demnach mit diesen 17 Zahlen:
$0, 1, 1, 2, 3, 5, 8, 13, 21, 34, 55, 89, 144, 233, 377, 610, 987$.

Wir interessieren uns für F_4:

a) *rekursiv*

$$
\begin{aligned}
F_4 &:= F_{4-1} + \cdots &&= F_3 + \cdots \\
&:= (F_{3-1} + \cdots) + \cdots &&= (F_2 + \cdots) + \cdots \\
&:= ([F_{2-1} + \cdots] + \cdots) + \cdots \\
&= ([F_1 + F_0] + \cdots) + \cdots &&= ([1 + 0] + F_1) + \cdots \\
&= (1 + 1) + F_2 &= 2 + (F_1 + F_0) &= 2 + (1 + 0) \\
&= 2 + 1 &= 3.
\end{aligned}
$$

Man kann zeigen, dass, bzgl. des Fibonacci-Indexes n, so exponentiell viele, $\Theta(2^n)$, Funktions-Aufrufe erzwungen werden:

Wenn F_n immer zwei Vorgänger braucht und man dafür einen Binär-Baum aufbaut, so würde man typischerweise links den ersten Zweig für F_{n-1} und rechts den zweiten Zweig für F_{n-2} nehmen. Wie oft kann man nun vom Eingabe-Parameter n die Zahl 2 subtrahieren? Richtig $\smile$: $\lfloor n/2 \rfloor$ mal. Dies ist unter der Aufruf-Ebene 0 mit dem Funktions-Aufruf F_n auch die höchste Nummer der von oben herab vollständig besetzten Fibonacci-Ebenen. Wir zählen nun alle F-Aufrufe bis zu dieser Nr. mithilfe der geometrischen Reihe:

$$
\sum_{i:=0}^{\lfloor \frac{n}{2} \rfloor} 2^i = 2^{(\lfloor \frac{n}{2} \rfloor + 1)} - 1 \in \Theta(2^n).
$$

b) *iterativ*

Demgegenüber versucht die Iteration die Teil-Ziele redundanz-frei (also nicht unnötig oft) zu erzeugen und auf diesen aufzusetzen. Wie realisiert man dies, also anders als die Fibonacci-Definition suggeriert? Eine winzige Änderung macht's möglich:

$$
F_0 := 0; \quad F_1 := 1;
$$
$$
\underline{\text{if}}\ n > 1\ \underline{\text{then}}\ \underline{\text{for}}\ i := 2\ \underline{\text{to}}\ n\ \underline{\text{do}}\ F_i := F_{i-1} + F_{i-2}.
$$

Man startet beim kleinsten Index 2, läuft durch 1-schrittiges Hochzählen bis zum geforderten Fibonacci-Index n, und bildet fortwährend die Summe des jeweiligen Fibonacci-Pärchens. Diese Iteration benötigt lediglich $\Theta(n)$ Schritte, ist also linear. Dass es mathematisch noch eine andere Form gibt, wollen wir hier nur am Rande erwähnen; es gilt eben noch folgende

Binet-Formel:

$$F_n \; := \; \frac{\left(\frac{1+\sqrt{5}}{2}\right)^n - \left(\frac{1-\sqrt{5}}{2}\right)^n}{\sqrt{5}} \, .$$

Der Beweis findet sich in dem vorne im Mathe-Kapitel genannten Buch *Diskrete Mathematik*. Diese Form eignet sich leider nicht im Reich der endlichen Computer-Zahlen-Darstellung. (Der erstgenannte Bruch ist übrigens der „Goldene Sch.[1]".)

Die rekursive Variante ist nicht immer schlechter als die iterative; sie kann die elegantere Abarbeitungs-Strategie sein – bedarf jedoch, aus Effizienz-Gründen, einer Problem-Partition. Mathematisch stellt die Partition bekanntlich eine Aufteilung einer Grund-Menge (eines Ursprungs-Problems) in voneinander unabhängige Teilmengen (hier -Probleme) dar, wobei die Teilmengen keine gemeinsamen Elemente haben (nennt man „disjunkt") und zusammengenommen wieder das Ursprungs-Problem bilden (also kein Problem-Fall vergessen wird). Bei der Fibonacci-Aufgabe ist diese Partition nicht gegeben. F_{n-2} ist bei F_n das zweite Teil-Ziel, beim folgenden (Unter-)Aufruf F_{n-1} das erste Teil-Ziel, wobei die Zwischen-Ergebnisse (Teil-Ziele) nicht mitprotokolliert, sondern immer wieder neu evaluiert werden; damit ist F_{n-2} in mehreren Teil-Problemen (und nicht nur in 1) involviert. Dies nennt man *redundanz*-behaftet. Rekursives *Divide-and-conquer* läuft demzufolge sinnigerweise über disjunkte Teil-Probleme, welche oft effizient gelöst werden können, wie im Folge-Abschnitt zum *Sortieren* ersichtlich.

Immerzu den Unter-Aufruf eines Rekursions-Aufrufs zuerst zu betrachten und so immer tiefer im Aufruf-Baum hinabzusteigen, nennt man übrigens graphen-algorithmisch *Tiefen-Suche*. (Würde man immer erst eine Aufruf-Ebene in ihrer ganzen Breite fertig betrachten und dann erst die nächste Ebene betreten, hätte man es im Graphen mit *Breiten-Suche* zu tun.)

---

[1]Schnitt ☹

3.4   Suchen und Sortieren

Suchen

Gegeben eine n-elementige Liste, gesucht 1 Element. Laufzeit/Komplexitäts-Frage: Wie lange dauert es (im ungünstigsten Fall) bis wir wissen, ob das Element in der Liste enthalten ist? Antwort: Spätestens im n-ten Schritt wissen wir, ob dies das gesuchte Element ist (oder nicht); dies drückt man, wie inzwischen schon gewohnt, abstrakt so aus: $\Theta(n)$, halt linear. Diese Vorgehensweise nennt man sequenzielle (fortlaufende, „blinde") Suche, da man sich die einzelnen Elemente (bis man evtl. auf's Gewünschte stößt) nacheinander anschauen muss.

Angenommen, wir hätten die zusätzliche Information, dass die Liste sortiert vorliegt, bspw. „aufsteigend": anfangs das kleinste Element usw. bis hin zum größten Element am Ende. Kann man dieses Zusatz-Wissen derart ausnutzen, dass man die Such-Aufgabe schneller erledigen könnte, sich demnach ggf. nicht alle Elemente einzeln anschauen müsste? Ja, das geht: Man spekuliert auf die Mitte und macht ggf. anschließend nach der *Divide-and-conquer*-Strategie nur auf derjenigen Hälfte weiter, in der es bestenfalls noch liegen kann: Haben wir unser Wunsch-Element gefunden, fein; wenn nicht, vergleichen wir das gesuchte mit dem mittig getroffenen Element: ist das Such-Element kleiner als das Mitte-Element, so gehen wir (rekursiv) nach dem gleichen Prinzip in die linke, sonst (Such-Element größer als das Mitte-Element) in die rechte Hälfte. Da diese Entscheidung, nur die erfolgversprechende Hälfte des aktuellen Suchraumes zu entern, zwei-wertig ist, spricht man von *Binär-Suche*. Fortlaufendes Halbieren einer n-elementigen Liste schaffen wir in $\Theta(\mathrm{ld}(n))$ Schritten; demnach ist die Binär-Suche logarithmisch, was eine drastische Verbesserung (gegenüber blinder Suche) darstellt. Beispiel: ein Telefon-Buch mit 1 Mrd. Einträgen lässt sich in ungefähr

$$\mathrm{ld}\left(10^9\right) \;=\; \mathrm{ld}\left(10^{[3\cdot3]}\right) \;=\; \mathrm{ld}\left([10^3]^3\right)$$

$$\approx \mathrm{ld}\left([2^{10}]^3\right) \;=\; \mathrm{ld}\left(2^{[10\cdot3]}\right) \;=\; \mathrm{ld}\left(2^{30}\right) \;=\; 30$$

Schritten traversieren. (Die hier gezeigte grobe Umrechnung zwischen Potenzen verschiedener Basen ist sehr hilfreich zur bequemen Visualisierung der Größen-Ordnung von Zahlen im 10er- im Vergleich zum 2er-Stellenwert-System [siehe auch die Formel für's logarithmische Kostenmaß zur Platz-Komplexität im vorigen Kap. 2, *Theoretische Informatik*] und zum anderen zur bequemen Visualisierung der Größen-Ordnung von Zahlen in diesen beiden Stellenwert-Systemen.)

Ist immer der Inhalt jedes (Baum-)Knotens links im Zweig unterhalb eines übergeordneten Knotens kleiner oder gleich des Inhalts dieses übergeordneten Knotens und dieser selbst kleiner oder gleich aller Inhalte der Elemente rechts darunter, so spricht man von einem *Such-Baum*. Ist er zusätzlich (so gut es geht) ausbalanciert, hängen demnach die „Äste" nicht unnötig tief herunter, und der Suchbaum ist so einigermaßen von oben herab gefüllt, dann handelt es sich um einen *AVL*-Baum, nach ihren Erfindern G. *Adelson-Velsky* und E. *Landis* (1962). Hierzu bedient man sich des Begriffs der (Höhen-)*Balance* eines Knotens: die Höhen-Differenz der maximalen Schritt-Anzahl der Kinder-Knoten links und rechts im Baum absteigend. Ist ihr Betrag höchstens 1, gibt es also im linken Teil-Baum im Vergleich zum rechten nur 1 Ebene mehr oder (umgekehrt) weniger, so hat der zu traversierende Baum eine angenehm-moderate (logarithmische) Tiefe.

Es empfiehlt sich, das effizienteste Verfahren zur Lösung einer Aufgabe einzusetzen; hier lohnt es sich ganz sicher ($30 \ll 10^9$ [1 Milliarde]).

Sortieren

Kommen wir zurück zum rekursiven *Divide-and-conquer,* das sich beim Original-Problem anfangend *top-down* zu den Basis-Fällen hinunterhangelt und dann von dort Schritt für Schritt die Einzel-Lösungen hin zur Berechnung des ursprünglichen Problems zusammensteckt.

Die nun folgende *Quick-Sort*-Prozedur arbeitet nach genau diesem Prinzip. Als Daten-Struktur zum Sortieren einer n-elementigen Liste fungiert ein Feld (engl.: „array") mit $n + 2$ Elementen, von denen aber das erste (mit der Positions-Nummer 0) und das letzte (mit der Nummer $n + 1$) keine Inhalte tragen, sondern nur aus syntaktischen Gründen existieren (damit kein Speicher-Zugriffs-Fehler auftritt – sehen wir später im Algorithmus). Ausschließlich auf den Feld-Elementen 1 bis n sind die Inhalts-Daten gespeichert.

QS(links,rechts) {„links"/„rechts" zeigen auf Listen-Grenzen}

<u>wenn</u> links < rechts {es gibt also mehr als 1 Element} <u>dann</u>
    wähle i aus Index-Bereich [links, rechts]   ;
    betrachte den Inhalt des Elements E_i an Position i ;
    bilde Liste L_1 mit allen Elementen < E_i und Liste
        L_2 mit allen Elementen $\geq E_i$ ohne E_i selbst;
    $j := i_\text{neu}$ (die Teillisten-Längen ergeben die Position);
    <u>wenn</u> $L_1 \neq [\,]$ {nicht leer ist} <u>dann</u> QS(links$_{L_1}$,$j-1$) ;
    <u>wenn</u> $L_2 \neq [\,]$ {nicht leer ist} <u>dann</u> QS($j+1$,rechts$_{L_2}$) .

Wenn QS Glück hat, fallen die Teil-Listen in etwa gleich lang aus. Wenn's unglücklich läuft, kann sich die Prozedur in jedem Schritt nur um 1 Element kümmern. Sie
läuft dann durch die aktuell verbleibende Rest-Liste (die andere ist ja leer), womit
man damit auf ungefähr $n \cdot n/2$ Schritte, $\Theta(n^2)$, kommt – ist also quadratisch im
ungünstigsten Fall („worst case"). In der Praxis scheint es sich letztlich oft günsti-
ger zu ergeben, und man kann eine Laufzeit von $\Theta(n \cdot \mathtt{ld}(n))$ erhoffen – was dem
bestmöglichen Fall entsprechen würde: wenn beim Pivotisieren („wähle" i [siehe
voriger Pseudo-Code]) der gewählte Index zufällig auf den Median zeigt.

Ein anderer Algorithmus, *Merge-Sort,* garantiert genau diese bessere Laufzeit,
da er tatsächlich, eben gerade ohne zunächst den Inhalt eines Elements anzuschauen,
immer hälftige Teil-Listen bildet. (Man kann sogar beweisen, dass es bei einem ver-
gleichsbasierten Verfahren sogar theoretisch nicht schneller über die Bühne gehen
kann.)

Wir nehmen für die Feld-Positionen die n Indices 0 bis $n - 1$ (zur einfacheren
Berechnung des Mitte-Indexes, wie im folgenden Pseudo-Code leicht ersichtlich).
Die integrierte Prozedur sm („Sorted *M*erge") erscheint danach im Anschluss:

$$MS(\mathtt{links}, \mathtt{rechts})$$
$$\underline{\text{wenn}}\ \mathtt{links} < \mathtt{rechts}\ \underline{\text{dann}}$$
$$i := \mathtt{links} + \lfloor(\mathtt{rechts} - \mathtt{links})/2\rfloor \quad ;$$
$$sm(MS(\mathtt{links}, i), MS(i + 1, \mathtt{rechts})) \ .$$

Bei der 2-gliedrigen Rekursion innerhalb sm durchläuft das Verfahren typischerweise eine sogenannte „Top-down/left-to-right"-Strategie: Ausgehend vom Intervall [$\mathtt{links}, \mathtt{rechts}$] wird immer die aktuelle linke Hälfte zuerst besucht (weshalb im Aufruf-Stapel der rechte Zweig zuerst abgespeichert werden muss, damit
der linke zum Abarbeiten oben zu liegen kommt). MS ruft sich so lange auf, bis die
<u>wenn</u>-Bedingung nicht (mehr) zutrifft, also $\mathtt{links} \not< \mathtt{rechts}$ gilt; dann hat diese
(Teil-)Liste höchstens nur ein einziges Element und ist damit sortiert (fokussierend
jetzt lediglich auf diese aktuelle Teil-Liste muss kein Element umplatziert werden).

Jetzt greift sm in's Spiel ein: Aufsetzend auf jeweils einem sortierten (Teil-)
Listen-Pärchen vergleicht es als inhalts-gesteuertes Reißverschluss-Verfahren die
einzelnen Elemente der einen mit der anderen (Teil-)Liste und fädelt nacheinander
die Elemente der Größe nach in eine (temporäre Hilfs-)Liste ein, s. d. eine größere
sortierte Liste entsteht. Gegen Ende liegen zwei sortierte Listen vor, die nach dem
gleichen Prinzip zu einer Gesamt-Liste zusammengefügt werden.

Das anfängliche fortwährende Halbieren in MS geht $\mathtt{ld}(n)$-mal, das verschränkt
arbeitende sm linear – was durch die Aufruf-Rekursion miteinander zu multiplizieren ist: $\Theta(n \cdot \mathtt{ld}(n))$.

Nun zu *sm* „en détail": Wir bereiten drei Felder („arrays") vor: je eins für die
beiden aktuell betrachteten sortierten Teil-Listen und noch eins für die danach frisch
sortierte größere Ausgaben-Liste. Die erste Liste X möge die Array-Positionen 0
bis $p-1$ tragen, die zweite Liste Y die Positionen 0 bis $q-1$, und die Ziel-Liste
Z hat die Positionen 0 bis $p+q-1$ ($= n-1$). Des Weiteren führen wir drei interne
Lauf-Indices wie folgt ein:

$$i \in \{0,\ldots,p\}, \; j \in \{0,\ldots,q\} \text{ und } k \in \{0,\ldots,n-1\} \qquad :$$

$$sm(X,Y):$$

$$i := 0; \; j := 0; \; k := 0;$$
während $i < p$ und $j < q$ tue
            wenn $X[i] \leq Y[j]$
                  dann $Z[k] := X[i]; \; i := i+1$
                  sonst $Z[k] := Y[j]; \; j := j+1;$
              $k := k+1;$
wenn $i = p$
     dann $Z[k,\ldots,p+q-1] := Y[j,\ldots,q-1]$
     sonst $Z[k,\ldots,p+q-1] := X[i,\ldots,p-1];$
$sm(X,Y) := Z[0,\ldots,p+q-1]$.

Das im Kapitel *Diskrete Mathematik* vorgestellte Kreativ-Tool „Rekurrenz–
Relation" ($=: RR$) probieren wir jetzt mal aus, um die vorhin genannte Laufzeit-
Komplexität zu erhalten. Der gleich benutzte Ausdruck T steht für den abstrakten
*t*ime-Operator, der (anstatt die abgelaufene „wall-clock *t*ime" zu messen) die aus-
zuführenden Schritte zählt. Allgemein kann man sich den Aufbau einer RR wie
folgt vergegenwärtigen:

$$T(n_0) := v_{\text{init}} \text{(Basis-Wert)}, \; T(n) := a \cdot T(n/b) + c(n) .$$

Aufbauend auf einer Start-Variablen mit ihrem Basis-Wert wird auf a Abschnitts-
Teilen weitergearbeitet, jeder Teil ist nur noch ein *B*ruch-Teil der Eingabe-Größe,
und abschließend müssen zum Zusammenfügen die „*c*ollecting costs" berücksichtigt werden.

Hier bei *MergeSort* sieht's wie folgt aus:
$n_0 := 1, \; T(1) := 0$:
Haben wir nur 1 Element, benötigen wir keine Sortier-Schritte.

$a := 2, \; b := 2, \; c := n-1$:
MS teilt eine aktuelle Eingabe-Liste in 2 Teil-Listen etwa hälftiger Größe auf; *sm*
reiht dann nach dem kleinsten Element die restlichen $n-1$ Elemente in die Ziel-
Liste ein. Der einfachen mathematischen Analyse halber (um nicht unnötig runden
zu müssen) sei n eine 2er-Potenz: $n := 2^k$.

Wir führen hier nun eine Rückwärts-Ersetzung durch:

$T(n) := 2 \cdot T(n/2) + n - 1$

$$\{=^{\text{nachher}}_{\text{sichtbar}}\ 2^1 \cdot T(2^{[k-1]}) + \mathbf{1} \cdot 2^k - (2^1 - 1)\}\ =$$

$$2 \cdot [2 \cdot T(2^{[k-1]}/2) + n/2 - 1] + n - 1\ =$$

$$2^2 \cdot T(2^{[k-2]}) + n - 2 + n - 1\ =$$

$$4 \cdot T(2^{[k-2]}) + 2n - 3\ =$$

$$\{=^{\text{nachher}}_{\text{sichtbar}}\ 2^2 \cdot T(2^{[k-2]}) + \mathbf{2} \cdot 2^k - (2^2 - 1)\}\ =$$

$$4 \cdot [2 \cdot T(2^{[k-2]}/2) + 2^{[k-2]} - 1] + 2n - 3\ =$$

$$8 \cdot T(2^{[k-3]}) + 2^2 \cdot 2^{[k-2]} - 4 + 2 \cdot 2^k - 3\ =$$

$$8 \cdot T(2^{[k-3]}) + 2^k \cdot (1 + 2) - 7\ =$$

$$\{=^{\text{nachher}}_{\text{sichtbar}}\ 2^3 \cdot T(2^{[k-3]}) + \mathbf{3} \cdot 2^k - (2^3 - 1)\}\ =$$

$$8 \cdot [2 \cdot T(2^{[k-3]}/2) + 2^{[k-3]} - 1] + 3n - 7\ =$$

$$2^3 \cdot 2^1 \cdot T(2^{[k-4]}) + 2^3 \cdot 2^{[k-3]} - 8 + 3 \cdot 2^k - 7\ =$$

$$2^4 \cdot T(2^{[k-4]}) + 2^k \cdot (1 + 3) - 15\ =$$

$$2^4 \cdot T(2^{[k-4]}) + \mathbf{4} \cdot 2^k - (2^4 - 1)\}\ =$$

$$\vdots$$

$$2^k \cdot T(2^{[k-k]}) + k \cdot 2^k - (2^k - 1)\ =$$

$$n \cdot T(2^0) + k \cdot n - (n - 1)\ =$$

$$n \cdot T(1) + n \cdot k - n + 1\ =$$

$$n \cdot 0 + n \cdot \text{ld}(n) + 1 - n\ =$$

$$n \cdot \text{ld}(n) + 1 - n\ \in$$

$$\Theta(n \cdot \text{ld}(n))\qquad .$$

Machen wir's rund und beweisen die *MergeSort*-Schrittzahl:

Behauptung: $T(n) = T(2^k) = 2^k \cdot \mathrm{ld}(2^k) + 1 - 2^k = 2^k \cdot k + 1 - 2^k$

Beweis: Induktion über $k\ [= \mathrm{ld}(n)]$

Start: $k_0 := 0\ [= \mathrm{ld}(2^0) = \mathrm{ld}(1) = \mathrm{ld}(n_0)]$:

$T(1)_{\text{Formel}} := 1 \cdot \mathrm{ld}(1) + 1 - 1 = \mathrm{ld}(2^0) = 0 = T(n_0)_{\text{Rekurrenz}}$

Hypothese: $T(2^{[k-1]}) = 2^{(k-1)} \cdot (k-1) + 1 - 2^{(k-1)}$

Schritt: $k-1 \longrightarrow k$

Verlauf: $T(n) := T(2^k) :=_{\text{Rekurrenz}}$

$$2 \cdot T(2^{[k-1]}) + 2^k - 1 \qquad\qquad =^!$$

$$2^1 \cdot [2^{(k-1)} \cdot (k-1) + 1 - 2^{(k-1)}] + 2^k - 1 \ =$$

$$2^k \cdot (k-1) + 2 - 2^k + 2^k - 1 \qquad\qquad =$$

$$2^k \cdot k - 2^k + 1 \qquad\qquad\qquad\qquad =$$

$$n \cdot \mathrm{ld}(n) + 1 - n \qquad\qquad\qquad\qquad \smile$$

Ein weiterer $\Theta(n \cdot \mathrm{ld}(n))$-Algorithmus, *Heap-Sort,* verfolgt hingegen eine völlig andere Philosophie:

Zuerst klären wir die Datenstruktur „Heap". Dies ist ein Binär-Baum, in dem jede (Teil-)Wurzel ihr(e) maximal zwei Kind(er) „dominiert"; dies bedeutet entweder immer Wurzel-Inhalt „$\geq$" Kind-Wert(e) oder eben „$\leq$" – siehe die nachher folgende Prozedur *parental-dominance.* Da beide (Binär-)Relationen transitiv sind, gilt die jeweilige Relation automatisch entlang jeden Pfades; das bedeutet zweierlei: Zum einen dominiert die „root" den ganzen Baum, und zum anderen nutzt man aber keinen Vergleich zwischen den Kind-Knoten, s.d. der Heap keinen Such-Baum darstellt. Syntaktisch nennt man ihn „fast vollständig" in dem Sinne, dass er von oben (Feld-Nummer 1) links bis nach unten rechts (Feld-Nummer n) herab mit Knoten besetzt ist, er also keine Lücken hat. Die Elemente einer gegebenen Liste werden so nacheinander auf ihre Baum-Positionen gebracht.[2]

---

[2]Natürlich nur virtuell: ein normales Array wird einfach als Baum entsprechend interpretiert; im Computer wird ja kein Wald begrün[de]t $\smile$.

Aufgrund der Binär-Struktur ergibt sich hinsichtlich der Indices Folgendes: Die Eltern-Knoten befinden sich oben auf den Positionen 1 bis $\lfloor n/2 \rfloor$, die Blatt-Knoten unten auf den Positionen $\lfloor n/2 \rfloor + 1$ bis n. Es gibt folgende einfache Berechnung von Kind- und Eltern-Indices: Gegeben ein Kind-Index d (zwischen 2 und n), dann ergibt sich die Position seines Eltern-Indexes via $e := \lfloor d/2 \rfloor$; umgekehrt: gegeben ein Eltern-Index e, dann ergibt sich die Position der Kind-Indices via $d_{\text{links}} := 2 \cdot e$ und ggf. $d_{\text{rechts}} := 2 \cdot e + 1$ (für evtl. noch ein Geschwisterchen).

Wir teilen den *HS*-Algorithmus übersichtlich auf 4 Teile auf: 3 Hilfs-Prozeduren und 1 Haupt-Rahmen.

Die erste Prozedur *root-change* (=: *rc*) wird nur bei vorliegendem Heap aufgerufen: Der Wurzel-Inhalt wird gerettet und der Inhalt an der Aufruf-Position i an die Wurzel-Position gebracht; sind dann gegen Ende nur noch ($i =$) 2 Elemente im Spiel, so kann in diesem Spezial-Fall das inzwischen von allen anderen $n - 1$ Elementen dominierte Element als Letztes gleich auch noch mit abgespeichert werden.

Wird die nachfolgende Prozedur *parental-dominance* auf „$\geq$" eingestellt, spült man also immer den größten Wert nach oben an die Wurzel (wie u. g. implementiert), so realisiert man in *rc* mit einer Stapelung in einen Keller die sogenannte „aufsteigende" Ordnung, bei einer Einreihung in eine Warteschlange die „absteigende": da die dominanten Elemente zuerst gerettet werden, geraten bei einer $\geq$-Eltern-Dominanz so die Größten entweder als Erste nach unten in den Stapel (und das Kleinste nach oben, fertig zum LIFO-Abgreifen) oder halt hinten an's Schlangen-Ende (s. d. via FIFO vorne das Größte fertig zum Bedientwerden parat steht, da es ja am Anfang in die Schlange gelangt).

Setzt man die Eltern-Dominanz auf $\leq$, dann haben die genannten Abspeicherungen den gegenteiligen Effekt: Gelangt immer der kleinste Wert nach oben an die Wurzel, so realisiert man in *rc* mit einer Stapelung in einen Keller die „absteigende" Ordnung, bei einer Einreihung in eine Warteschlange die „aufsteigende": da die dominanten Elemente zuerst gerettet werden, geraten bei einer $\leq$-Eltern-Dominanz so die Kleinsten entweder als Erste nach unten in den Stapel (und das Größte nach oben, fertig für's LIFO) oder hinten an's Schlangen-Ende (s. d. via FIFO vorne das Kleinste fertig zum Bedientwerden parat steht, da es gleich anfangs in die Schlange gerät ⌣).

Dabei bedeutet „absteigend" sortiert konkret (wie bereits benutzt), dass die im Alphabet in lexikographischer Ordnung hinten stehenden Zeichen zuerst gebracht werden (man also im Alphabet zurückgehend hinabsteigt), „aufsteigend" entsprechend umgekehrt, man also bei den am Alphabet-Anfang stehenden Zeichen beginnend (im Zeichensatz nach vorne gehend aufsteigt) das jeweils gewünschte Ergebnis präsentiert.

LIFO und FIFO stehen dabei für die bekannten Schreib-/Lese-Strategien „Last-In-First-Out" und „First-In-First-Out": LIFO schreibt immer an den Anfang einer Liste (was einem vertikalen Stapeln gleichkommt) und liest auch exklusiv vorne (s. d. ein Listen-Zugriff zuerst immer auf das zuletzt gespeicherte Element erfolgt); FIFO schreibt immer an das Ende einer Liste (was einem horizontalen Warteschlangen-Einreihen entspricht) und liest ausschließlich vorne (s. d. ein Listen-Zugriff zuerst immer auf das als Erstes gespeicherte Element erfolgt):

$root\text{-}change(i)$:

speichere($H[1], S$);   [Keller-Stapel oder Warte-Schlange]
wenn $i = 2$ dann speichere($H[2], S$) sonst tausche($H[1], H[i]$).

Die zweite Prozedur *parental-dominance* wird mit einem Index-Pärchen aufgerufen: Eltern-Index und maximaler Kind-Index. Zunächst wird geprüft, ob überhaupt etwas zu tun ist (daher hinter dem wenn [nur ein dann-, aber] kein sonst-Teil).

Als erste Aktion wird der Eltern-Index in eine interne Variable (k) ebenso gerettet wie der dortige Inhalt (nach v); sicherheitshalber setzt man die *boole*sche Variable heap auf false.

Dann wird (ggf. wiederholend) die Eltern-Dominanz (hier $\geq$) hergestellt – solang bis alle Eltern-Checks durchgeführt wurden oder sichergestellt werden konnte, dass heap bereits zwischendurch auf true erkannt wurde. Der erstgenannte Grund zur Terminierung tritt am ehesten innerhalb der später präsentierten Prozedur *heapify* auf, der zweitgenannte nach Ende des nur einmalig aufgerufenen *heapify*-Laufs.

Bei jedem Durchlauf wird zuerst ein neuer potenzieller Eltern-Index produziert (j); hat dieser Baum-Index tatsächlich noch Kinder und der Inhalt des Kindes links wird vom Kind-Inhalt rechts echt dominiert, so wird der Zeiger (j) umgesetzt, damit er spätestens nun auf das größte Kind zeigt. Dominiert jetzt der Original-Eltern-Knoten das größte Kind, dann ist, entsprechend der nachher einsehbaren Aufruf-folge dieser Prozedur *parental-dominance,* die inhaltliche Heap-Eigenschaft erfüllt; ansonsten wandert das dominante Kind mit seinem Inhalt an die aktuell gehaltene Eltern-Position, und das Einsinken des Eltern-Inhalts wird durch die Übernahme des inzwischen verdoppelten Indexes als neue versuchsweise Eltern-Position vor-bereitet. Beachte die Effizienz-Feinheit des Nicht-unnötig-Speicherns des originalen Eltern-Inhalts während des Dominanz-Prozesses – dass er erst dann dorthin gespei-chert wird, wo er hingehört, also zwischendurch nur der temporäre Zeiger verwaltet wird; erst beim Abschluss wird der alte Inhalt an die Schluss-Position gebracht:

$parental\text{-}dominance\,(p, c_{\max})$:

    <u>wenn</u> $p < c_{\max}$ [es gibt überhaupt etwas zu tun]   <u>dann</u>
        $k := p$; $v := H[k]$; <u>heap</u> := <u>false</u> ;
        <u>wiederhole</u>
            $j := 2k$;
            <u>wenn</u> $j < c_{\max}$ <u>und</u> $H[j] < H[j+1]$ <u>dann</u> $j := j + 1$;
            <u>wenn</u> $v \geq H[j]$ <u>dann</u> heap := <u>true</u>
                     <u>sonst</u> $H[k] := H[j]$; $k := j$
        <u>bis</u> $2k > c_{\max}$ <u>oder</u> heap ;
        $H[k] := v$ [kein <u>sonst</u>] .

Die dritte Prozedur *heapify* wird mit der Eingabe-Liste aufgerufen und liefert einen Heap. Hierzu bedarf es lediglich der systematischen *parental-dominance*-Aufrufe aller Eltern-Knoten, strategisch im Baum unten beginnend beim größten Eltern-Index bis im Baum nach oben wandernd hin zur Wurzel (zahlentechnisch „hinunter" bis zum kleinsten Index):

    $heapify(\underline{\text{in}}\colon Liste[1 \ldots n], \underline{\text{out}}\colon Heap[1 \ldots n])$:

    $H := L$; <u>für</u> $i := \lfloor n/2 \rfloor$ <u>runter zu</u> 1 <u>tue</u> $parental\text{-}dominance(i, n)$.

Der Haupt-Rahmen *HS* schlussendlich erstellt erstmalig einen Heap und führt anschließend $n - 1$-mal Folgendes durch: Im ersten Schritt rettet *root-change* den jeweils aktuell dominanten Wert an der Wurzel-Position und besorgt in einem die syntaktische Eigenschaft eines Heaps (fast vollständig besetzter Binär-Baum), im zweiten Schritt sorgt *parental-dominance* (=: *pd*) für die semantische Eltern-Dominanz-Eigenschaft (hier $\geq$); beim letzten *rc*-Aufruf wird dann auch das kleinste Element verarbeitet und *pd* gar nicht mehr aufgerufen ($1 \not< 2-1$):   •

    $HS(\underline{\text{in}}\colon Liste[1 \ldots n], \underline{\text{out}}\colon Sortierung[1 \ldots n])$:

    $S := [\,]$; $heapify(L, H)$;
    <u>für</u> $i := n$ <u>runter zu</u> 2 <u>tue</u>
        $root\text{-}change$; $parental\text{-}dominance(1, i{-}1)$.

Ein Algorithmus ist korrekt, wenn er keine falschen Ausgaben produziert. Ob jedoch alle Lösungen ausgegeben werden, ist allein unter diesem Aspekt egal; nur das was präsentiert wird, muss auch stimmen. Der Algorithmus ist vollständig, wenn keine korrekte Lösung unterschlagen wird; gibt es mehrere gleichberechtigte Antworten, müssen alle präsentiert werden. Ob letztlich alle Ausgaben korrekt sind, ist dabei

nicht gesagt; es darf nur keine richtige fehlen. Ein Algorithmus sollte naturgemäß
stets sowohl korrekt als auch vollständig sein. Manchmal jedoch ist es schwierig,
diese Gesamt-Forderung zu erfüllen: Es gibt leider sogar viele praktisch relevante
Fälle, deren „Lösung", aufgrund der Komplexität des jeweiligen Problems, beide
Teil-Aspekte vermissen lassen; genau davon handelt der später folgende Abschnitt
Heuristiken im Abschluss-Kapitel *Künstliche Intelligenz.*

Weiterführende Literatur

Cormen, T. H., Leiserson, C. E., Rivest, R. L., Stein, C.: Introduction to Algorithms, 3. (inter-
    nat.) Aufl., 978-0-262-25946-0 (eBook), 978-0-262-03384-8 (hardcover). MIT Press,
    Cambridge (2009)
Hower, W.: Constraint satisfaction via partially parallel propagation steps; (Internat.) Work-
    shop Massively Parallel Inference Systems, Internationales Begegnungs- u. Forschungszen-
    trum für Informatik, Schloss Dagstuhl, Leibniz-Zentrum für Informatik, 17./18. Dezember
    1990. In: Parallelization in Inference Systems, Lecture Notes in Artificial Intelligence,
    Subseries of Lecture Notes in Computer Science, LNCS, Bd. 590, S. 234–242. Springer,
    Heidelberg (1992)
Hower, W.: Global constraint satisfaction revisited; Technical Report TR-97-02. University
    College Cork, National University of Ireland, Department of Computer Science (1997)
Knuth, D.E.: The Art of Computer Programming, Bd. 1–4A, 3. Aufl, 978-0-321-75104-1
    (Box). Pearson & Addison-Wesley, Boston (2011 + 2017)
Levitin, A.: Introduction to The Design and Analysis of Algorithms, 3. (internat.) Aufl., 978-
    0-273-76411-3 (paper), 2012, 978-1-2920-1411-1 (eBook). Pearson & Addison-Wesley,
    Boston (2014)

Künstliche Intelligenz

4

Wie kann die „KI" (engl.: „*AI*" := „*A*rtificial *I*ntelligence") Strategien aus der Natur automatisieren? Nahezu überall wird danach gestrebt, menschliche Handlungs- weisen und Gedankengänge künstlich intelligent anzunähern; auch von anderen Lebewesen versucht man zu lernen – beispielhaft sei hier das Stichwort *Kolonie- Intelligenz* genannt, wie „*A*nt *C*olony *O*ptimization" (=: *ACO*, wahrscheinlichkeits- getriggerte Pheromonspur-Simulation) und „*P*article *S*warm *O*ptimization" (=: *PSO*, Zellulärer-Automat-Erweiterung), die beide eine gewisse Gruppen-Dynamik installieren.

Der Mensch braucht oft schnell eine gute Lösung, er kann schlecht eine halbe Ewigkeit auf's Optimum warten; Heuristiken sind dabei das Mittel der Wahl – weshalb ich ihnen hier entsprechend Platz biete.

Darüberhinaus bedarf es vor allem in Alltags-Situationen Reaktionen auf Unvor- hergesehenes; (nicht nur) hier lässt sich natürlich nicht Alles vorprogrammieren – schließlich lernt auch der Mensch (möglicherweise lebenslang) dazu. (Ohne *maschi- nelles Lernen* bleibt bspw. autonomes Fahren schwierig.) Im Bereich *Neuronale Netzwerke* beleuchten wir kurz, wie sich Fehler-Ergebnisse im Nachgang iterativ nachjustieren lassen.

In u. g. Literatur finden sich viele weitere klassische Themen. Dem verführeri- schen Hang, mein Spezialgebiet CSP („constraint satisfaction problem") groß aus- zubreiten, fiel ich nicht anheim; zwei kleine (ganz unterschiedliche) Hinweise, wie man in einem solch exponentiellen Suchraum zielgerichtet arbeiten könnte, plat- ziere ich jedoch hier ganz gern: die Idee einer Parallelisierung sowie Heuristiken (siehe Folge-Abschnitt).

© Springer Fachmedien Wiesbaden GmbH, ein Teil von Springer Nature 2019   73
W. Hower, *Informatik-Bausteine*, Studienbücher Informatik,
https://doi.org/10.1007/978-3-658-01280-9_4

4.1   Heuristiken

Die vorhin angedeutete Algorithmik bietet effiziente klassische Informatik-Lösungen, welche üblicherweise auf überschaubarem Terrain in kurzer polynomieller Laufzeit das gewünschte Ergebnis liefern. Oft jedoch ist der Suchraum riesig, exponentiell groß in Bezug auf die Eingabe; selbst der Computer würde unheimlich lange brauchen – oft zu lange, um korrekt und vollständig die gedachte Ausgabe zu produzieren. Als Beispiel möge mein eigenes Forschungs-Feld dienen – diskrete kombinatorische Optimierung; hier wäre letztlich nur die beste Lösung korrekt – diese auf traditionellem Wege zu erzielen ist für realistisch große Eingaben utopisch.

Heuristiken leisten hier Abhilfe; sie garantieren meist kein Optimum, berechnen aber üblicherweise recht schnell einen brauchbaren Output, wenn auch nur selten alle Ergebnisse. (Im rein algorithmischen Sinne ist demnach eine Heuristik von vornherein weder korrekt noch vollständig.) Der Mensch probiert bei irre vielen Möglichkeiten, gerade in Zeitnot, auch nicht blind einfach Alles durch (und käme womöglich eh nachher zu spät), sondern geht's halbwegs intuitiv an. Wir beleuchten daher Konzepte und Architekturen, die in gewissem Sinne der menschlichen Vorgehensweise ähneln. Beispielsweise arbeiten wir nicht permanent nur irgendwelche Regeln ab, um in jedem mühsamen Schritt gierig (engl.: „greedy") die nächste (womöglich nur kleine) Verbesserung zu erhaschen, sondern sind manchmal auch bereit, uns kurz zu verschlechtern – in der Hoffnung, bei einem anschließenden weiteren Anlauf neue Höhen zu erklimmen. Oft wäre es auch zu aufwändig, alles auszuprobieren, um wirklich das absolute Optimum zu erzielen; vor lauter Prüfen aller Alternativen käme man zu gar nichts.

Es gibt eine Vielzahl solcher Verfahren (greedy oder nicht), wie *G*enetische Algorithmen (=: *GA*), *E*volutions-Strategien (=: *ES,* realisiert als „Plus" oder „Komma" [s. u.]), *S*imulated *A*nnealing (=: *SA*), *T*aboo-*S*uche (=: *TS*) oder *T*hreshold *A*ccepting (=: *TA*), *R*ecord-to-Record-*T*ravel (=: *RT*) und das Sintflut-Prinzip (*„D*eluge *H*euristic" =: *DH*).

In diesen Heuristiken werden 1 bis mehrere Lösungs-Kandidaten (im letztgenannten Fall im sogenannten „Pool" – gern dabei auch „Kandidatinnen" ☺ die natürlich immer mitgemeint sind) verwaltet, in weiteren Durchläufen („Generationen") Abwandlungen davon erzeugt, um irgendwann das beste Individuum als die bis dahin optimale Lösung (aus einem üblicherweise nur eingeschränkt durchkämmten Suchraum) zu präsentieren. Im Graphentheorie-Klassiker *TSP* (engl. Abkürzung für das Handels-Reisenden-Problem, die kürzeste Rundtour) bspw. ist ein solches Individuum eine Knoten-Reihenfolge (Aneinanderreihung von Orten) mit einer Kosten-Bewertung aus der Summe der Einzel-Distanzen (Kanten-Gewichtungen), für eine „Kombinatorische Auktion" wäre es eine Zuordnung von Artikeln und Bietern (um danach zu bestimmen wer was bekommt – zur Lösung des *Winner Determination Problem* [=: *WDP*]), wobei auch hier eine Güte-Bewertung vorliegt; im Erstgenannten geht es bei der Optimierung um Mini-, im Letztgenannten um Maximierung.

Die nun folgenden Darbietungen der ausgewählten Heuristiken folgen nicht immer 1:1 dem Original; hier und da habe ich aus didaktischen Gründen der Vergleichbarkeit der Ansätze das eine oder andere Detail angepasst. Auch spezifiziere ich gewisse Operationen nicht weiter, wie „mutiere" (bei *SA*) und „verändere" (*GA* und *ES*, wo ich zudem auch „epistasis" erst gar nicht nenne – dies kann der Spezial-Literatur hierzu entnommen werden).

GA sind greedy und folgen dem Evolutions-Prinzip „survival of the fittest". Dazu gibt es einen Generationen-Zähler und einen Pool von Individuen („Eltern"), deren Qualität (die „Fitness") gemessen, auf Kopien verändert („Kinder"), diese neuen anschließend ebenso evaluiert und dem Pool hinzugefügt werden. Man behält dann die besten der alten Pool-Kardinalität bei und löscht die übrigen schlechteren – solange, bis eine gewünschte Abbruch-Bedingung erfüllt ist, welche geschickterweise als ODER-Verknüpfung einer syntaktischen mit einer semantischen Forderung implementiert ist, realisiert im erstgenannten Fall via Höchst-Anzahl an Durchläufen bzw. im letztgenannten Fall über den Grad der erzielten Fitness/Verbesserung.

> *Genetischer Algorithmus* :
>
> **generations** := 0 ;
> P := generiere initiale *P*opulation   [$|P_{\text{init}}| =: p$] ;
> <u>für</u> jedes Individuum in P evaluiere Fitness ;
> <u>wiederhole</u>
>   **generations** := **generations** + 1 ;
>   **children** := Auswahl von c Individuen aus P ;
>   verändere **children** ;
>   <u>für</u> jedes neue **children**-Individuum evaluiere Fitness ;
>   erweitere P um **children**   [$|P_{\text{temp}}| > p$] ;
> P := p beste Individuen
> <u>bis</u> Terminierungs-Bedingung .

ES in ihrer sogenannten *Plus*-Version entsprechen o. g. GA („+" vom initialen Hinzufügen der Kinder zu den Eltern, s. d. beide Generationen zunächst zur Fitness-Prüfung wenigstens temporär im Pool sind). Bei der *Komma*-Variante wird die alte

Eltern-Generation überschrieben und nur die besten Kinder übernommen („ , "
wegen „Eltern, danach Kinder"). Hierbei kommt der „Selektions-Druck" in's Spiel,
das Verhältnis von KandidatINNen-Angebot und/zu -Übernahme. Alltagssprach-
lich wird oft der Quotient in umgekehrter Richtung gebildet (Übernahme/Angebot,
bspw. 1/7, wenn jede[r] Siebente[r] genommen wird – übrigens ein Wert, der
empirisch angeblich empfohlen wird), hier jedoch in genannter Reihenfolge (von
[Angebot-]Zähler und [Übernahme-]Nenner, im Beispiel 7/1 [s. d. eine große Zahl
einen strengen Auswahl-Prozess ausdrückt]). Im Gegensatz zu $ES(+)$ ist dadurch
$ES(,)$ „non-greedy", übernimmt also auch schon mal schlechtere Individuen (was
kein Nachteil sein muss, wie wir beim nachfolgenden *Simulated Annealing* gleich
erörtern).

> *Evolutions-Strategien*   :
>
> **generations** := 0   ;
> P := generiere initiale Population   [$|P_{\text{init}}| =: \mu$]   ;
> <u>für</u> jedes Individuum in P evaluiere Fitness   ;
> <u>wiederhole</u>
>   **generations** := **generations** + 1   ;
>   **children** := P [$|children| =: \lambda$]   ;
>   verändere **children**   [$\lambda \geq \mu$]   ;
>   <u>für</u> jedes neue **children**-Individuum evaluiere Fitness ;
>   <u>wenn</u> *Plus*-Strategie
>   <u>dann</u> P := beste μ Individuen aus P + **children**
>   <u>sonst</u> [*Komma*] P := beste μ **children**-Individuen
>   <u>bis</u> Terminierungs-Bedingung   .

Bei *SA* hat man keinen Pool, sondern startet zunächst mit einem Lösungs-Kandidaten
(„parent") und generiert temporär einen weiteren („child"); von beiden wird die
jeweilige Güte evaluiert – bei einem Maximierungs-Problem die Fitness, bei einem
Minimierungs-Problem die Kosten. Ist „child" besser als „parent", wird es als neue
Ausgangs-Basis genommen, ebenso bei gleicher Qualität, und auch wenn es „nicht
zu schlecht" ist. Es wird dabei gegenüber einer Pseudo-Zufallszahl in einem nor-
mierten Bereich verglichen. Das Verfahren ist so eingestellt, dass anfangs dieser
Vergleich höchstwahrscheinlich positiv ausfällt; im Laufe der Zeit wird jedoch die
Wahrscheinlichkeit, ein schlechteres „child" (im Vergleich zum „parent") zu übernehmen, nach einem „Abkühl-Plan" künstlich verringert. Man spricht zu Beginn
von einem „nearly random walk" und am Ende von „local optimization", da man
vom aktuellen Individuum kaum mehr abrückt, und wenn doch, nur in der unmit-

telbaren lokalen „Nachbarschaft". Der Sinn, zwischendurch überhaupt ein schlechteres („non-greedy") Zwischen-Ergebnis zu verwenden, liegt darin, ein nur lokales Optimum in Richtung globales Optimum verlassen zu können. Dazu protokolliert man den bisher besten Lösungs-Kandidaten mit, um in einem sogenannten „Anytime-Modus" jederzeit Zugriff auf's aktuelle Optimum zu haben. Dies ist ein weiterer Vorteil von Heuristiken gegenüber vielen („Black-Box"-)Algorithmen: Man muss sie nicht zu Ende werkeln lassen, sondern kann jederzeit abbrechen und sich von ihnen das bisherige Optimum geben lassen – ein wichtiges Merkmal bei der Anwendung im üblicherweise exponentiell großen Suchraum, wenn in der Praxis zu gegebener Zeit eine Reaktion benötigt wird.

Simulated Annealing :

$t_{\text{termination}} := \ldots$ [kleiner positiver Wert] ;

$t := \ldots$ [großer Wert $> t_{\text{termination}}$] ;

$l := 0$ [*Lauf*-Index] ;

$l_{\text{max}} := \ldots$ [max. Durch-*L*äufe (bei aktuellem t) $> l$] ;

generiere **parent**   [initiales Start-Individuum] ;

evaluiere *cost*(**parent**)   [Minimierungs-Variante] ;

child := **parent**   [child temporär] ;

wiederhole

     wenn $l_{\text{max}} > l$

     dann $l := l + 1$

     sonst

       Beginn

         wenn *Add*-Strategie

         dann $t := t + \textbf{reduce}_\textbf{t}$ [$\text{reduce}_\text{t} < 0$]

         sonst $t := t \cdot \textbf{reduce}_\textbf{t}$ [$\text{reduce}_\text{t} < 1$] ;

         $l := 1$

       Ende ;

     child := mutiere(**child**) ;

     evaluiere *cost*(**child**) ;

     wenn $t > 0$ UND $_{[0<]}r_{[<1]} < e^{-\frac{cost(\textbf{child}) - cost(\textbf{parent})}{t}}$

     dann **parent** := **child**

     sonst **child** := **parent**

   bis $t \leq t_{\text{termination}}$.

TS startet ebenfalls temporär nur mit einem einzigen Individuum (also ohne Eltern-Pool) und arbeitet mit der berühmten *Taboo*-Liste zur Verwaltung einer gewissen Anzahl letzter Schritte (Abwandlungen von Lösungs-Vorschlägen), die man nicht gleich schon wieder zurück in die Vorgänger-Version flippen will – diese sind erstmal „tabu" ☺. Dabei kann man diese *T.*-Liste statisch oder dynamisch fahren: Statisch bedeutet, dass immer die gleiche Historien-Anzahl unberührt bleibt. Im dynamischen Modus würde man diese Listen-Länge anfangs kurz halten, um wenig zu verbieten, Stichwort *Diversifikation,* englisch-sprachig in diesem Zusammenhang oft „exploration" genannt, wegen der globaleren Erforschung des Suchraums; im Laufe der Zeit könnte man dann mehr Alt-Schritte unberührt lassen, Stichwort *Intensifikation,* englisch-sprachig diesbzgl. oftmals „exploitation" genannt, wegen der nur noch lokalen Ausnutzung der direkten Nachbarschaft des jeweiligen Individuums. Innerhalb dieses Blick-Fensters werden sodann Änderungs-KandidatINNen gebildet; aus dieser neuen Generation wird das beste Individuum übernommen, welches nicht in der Taboo-Liste referenziert ist (es sei denn „aspiration" greift, was bedeutet, dass es dann trotz Verbots bei Vorliegen dieses Kriteriums durchgezogen wird ☺). Danach wird nach dem FIFO-Prinzip das älteste Element vorn aus der Taboo-Schlange entfernt (ist jetzt nicht mehr tabu), und die Rückwandlung der aktuell letzten Änderung wird frisch blockiert (durch das Wandern in die Taboo-Liste).

> *Taboo-Suche* :
>
> generations := 0   ;
> generiere initiales Individuum x ;
> TL (*Taboo-Liste*) := [ ]   ;
> <u>wiederhole</u>
>   generations := generations $+ 1$;
>   children := verändere(x_{NB}) [NB := Nachbarschaft] ;
>   <u>für</u> <u>jedes</u> Individuum in children evaluiere Fitness   ;
> x' := bestes „zulässiges" nicht-taboo [$\notin TL$] child   ;
>   verwalte TL [history queue]   ;
> $x := x'$
> <u>bis</u> Terminierungs-Bedingung   .

TA hat auch nur einen Start-Kandidaten – sowie einen sogenannten Schwellenwert (engl.: „*t*hreshold") t, der anfangs hoch initialisiert wird. Nach Abänderung des aktuellen Individuums auf einer (temporären) Kopie wird das „*c*hild" c mit seinem „*p*arent" p verglichen, und zwar abzüglich des o. g. Toleranz-Werts t. Liegt nun bei einer Maximierungs-Aufgabe der neue *F*itness-Wert $f(c)$ über der Differenz

$f(p) - t$, ist also das neue Individuum nicht zu schlecht bewertet, so wird es als neues Eltern-Individuum übernommen (und das alte Eltern-Teil, selbst wenn es leicht besser als das neue Kind war, überschrieben). Jeweils nach einer vorher festgelegten maximalen Anzahl $runs_{max}$ an Durchläufen (bei bis dahin gleichbleibender Toleranz) wird t dabei immer weiter reduziert (bis ein vorgegebenes Terminierungs-Kriterium greift), s. d. es immer schwieriger für das dann aktuell neue Kind wird, den Vorgänger zu überschreiben.

Threshold Accepting :

$t := \ldots$ [großer (Schwellen-)Wert > 0]   ;

$r := 0$ [Lauf-Index]   ;

$r_{max} := \ldots$ [max. Durch-Läufe (bei aktuellem t) $> r$]   ;

generiere p [parent := initiales Start-Individuum]   ;

evaluiere $f(p)$ [*Fitness_p* in Maximierungs-Variante]   ;

$c := p$ [child temporär]   ;

wiederhole

    wenn $r_{max} > r$

      dann $r := r + 1$

    sonst

      Beginn

        $r := 0$;

        $t := t - reduce_t$ [$reduce_t > 0$]

      Ende

    $c := $ verändere(c) ;

    evaluiere $f(c)$;

    wenn $f(c) > f(p) - t$ dann $p := c$ sonst $c := p$

bis eine Zeit lang keine Qualitäts-Änderung ODER $t \leq 0$.

RT arbeitet ebenfalls ohne Pool und vergleicht zwischendurch das neue Individuum mit dem aktuell Besten, dem „record". Ist nun das Kind besser als die Differenz zwischen diesem Rekord-Halter und einer Abweichung (engl.: „*d*eviation") d, so wird es als nächste Generation abgespeichert; auch hier reicht zur Übernahme „gut genug" (zu sein). Im Gegensatz zu *TA* wird hier nicht ein sich verringernder Toleranz-Wert berücksichtigt, sondern eine stabiler Abweichungs-Betrag – und selbstverständlich der „record" bei echter Verbesserung des Vorgänger-Werts aktualisiert.

```
Record-to-Record-Travel                                        ;

d := ...                     [deviation (Abweichung) > 0]      ;
r := 0                                      [Lauf-Index]      ;
r_max := ...                   [max. Durch-Läufe > r]         ;
generiere p      [parent := initiales Start-Individuum]        ;
evaluiere f(p)  [Fitness_p in Maximierungs-Variante]           ;
record := f(p)         [aktueller Fitness-Rekordwert]          ;
c := p                                [child temporär]        ;
wiederhole
      r := r + 1                                               ;
      c := verändere(c)                                        ;
      evaluiere f(c)                                           ;
      wenn f(c) > record − d
        dann
          Beginn
            p := c                                             ;
            wenn f(c) > record dann record := f(c)
          Ende
        sonst c := p
bis eine Zeit lang keine Qualitäts-Verbesserung ODER r ≥ r_max .
```

Die mir persönlich am sympathischste Heuristik ist, neben der bereits vorgestellten *SA,* die nun folgende Heuristik *DH,* das Sintflut-Prinzip. Das Ganze startet erwartungsgemäß mit einem niedrigen Wasserstand (engl.: „water *l*evel") l (einen [noch geringen] Güte-Wert darstellend) und der Angabe des Höchst-Pegels (hier im positiven Sinne zur Markierung des Güte-Zustands „gut genug") m (dem englischen „water*m*ark" entnommen). Umgehend wird die Kind-Fitness mit dem aktuellen l verglichen, und beim Übersteigen wird das neu generierte Individuum (die neue Generation ☺) das nächste Eltern-Teil. Sodann heben wir l um einen konstanten Betrag „up" an – wir fluten sozusagen kontrolliert, zur Anhebung unseres Qualitäts-Anspruchs. Auch hier macht es Sinn, via ODER-Verknüpfung zu terminieren, wie: „schon länger keine Verbesserung ODER $l \geq m$". Klar ist: Wählt man ein zu großspuriges „up", präsentiert *DH* ruckzuck ein wohl schlechtes Ergebnis, während ein bescheidenes „up" sich zwar langsam(er) aber einem eher besseren Ergebnis nähert (ähnlich dem Höherlegen einer Hochsprung-Latte zur Erzielung eines Weltrekords).

Sintflut-Prinzip :

$l :=$ ... [water *level* (Wasser-Stand, Qualität) > 0] ;

$up :=$ ... [Wasser-Anstieg$_l$, Qualitäts-Gewinn) > 0] ;

$m :=$ ... [water *mark* (Qualitäts-Anforderung) $> l$] ;

generiere p [parent := initiales Start-Individuum] ;

evaluiere $f(p)$ [*Fitness$_p$* bei Maximierung] ;

$c := p$ [child temporär] ;

wiederhole

   $c :=$ verändere(c) ;

   evaluiere $f(c)$;

   wenn $f(c) > l$

   dann

     Beginn

       $p := c$;

       $l := l + up$

     Ende

   sonst $c := p$

bis eine Zeit lang keine Qualitäts-Verbesserung ODER $l \geq m$.

Mit diesen und weiteren Heuristiken steht uns nun eine riesige Auswahl an Verfahren und Parametern zur Verfügung, mit denen sich ein einigermaßen vorhersehbares Verhalten in exponentiell großen Suchräumen einstellen lässt. Wir können den Grad der Diversifizierung vs. Intensivierung, dies in großer oder kleiner (ggf. dynamisch veränderbarer) Nachbarschaft, wählen, also die Balance zwischen weitläufiger Erforschung auf der einen und Ausnutzung des Wissens über den Zustand der näheren Umgebung auf der anderen Seite, einstellen, mit einem Eltern-Pool oder nur mit einem einzelnen Individuum (+ temporärer Abwandlung) arbeiten, eine Historie verwalten oder auf Altes verzichten, usw.; es gibt viele Ideen, von denen ich hier einige darlegen wollte. Die Gedanken, sich selbst neue hybride Konstruktionen zu erschaffen, sind frei...

Ein kleines Nachwort zu Prozedurkürzeln und Variablennamen: ich habe meist die Bezeichnungen aus meinen Vorlesungen übernommen; somit tun sich nun meine Studierenden leicht, die anscheinend so gefürchteten kryptischen Skripte hiermit ausgefüllt und in ganzen Sätzen formuliert zu dechiffrieren. ⌣

4.2   Nicht-KI

Die dargestellten Heuristiken zählen entwicklungsmäßig kaum zur KI. Auch *Fuzzy Reasoning* bspw. hat historisch nichts damit zu tun. (Dabei werden sich überlappende Werte-Intervalle geboten, womit man harte quantitative Übergänge vermeidet. Bei einer qualitativen Modellierung ließe man bspw. einen Temperatur-Bereich „heiß" bereits beginnen, noch bevor das Intervall für „kalt" endet; so lassen sich weiche Abfolgen darstellen. Bei einer Sportgetriebe-Automatik zum Beispiel würde der hochtourende Drehzahl-Bereich im gleichen Gang weiter reichen als der niedertourige zum Hochschalten in den nächsten Gang schon beginnen könnte; wenn also auf der x-Achse die Drehzahlen stehen und auf der y-Achse die Gänge abgetragen werden, so gibt es [quantitativ] Drehzahlen, welche mit gewissen Zugehörigkeits-Graden verschiedenen Gängen [qualitativ] zugeordnet sind.)

Ich erwähne diese Praktiken hier, da sie ähnlich wie Menschen ebenso entweder nicht immer die beste Lösung parat haben oder zwischen den Größen nicht hart unterscheiden wollen – und auch dafür maschinelle Umsetzungen gewünscht sind.

Wir durchkämmen hier jetzt nicht irgendwelche KI-Hämmer, sondern beleuchten zunächst attraktives Anwendungs-Terrain, das der Spiele-Programmierung – auch um gleich vorab zu bemerken, dass so Manches, dem man KI anhaftete, nicht immer welche drin hatte, sondern lediglich sogenannte „brute-force"-Methoden, aufbauend auf purer Rechenkraft (lange genug auf ausgeklügelten Hardware-Bausteinen werkelnd), einsetzte.

In den folgenden zwei Beispielen sieht man übrigens schön als „Seiten-Effekt" die Notwendigkeit eines guten Fundaments auf dem Gebiet *Diskrete Mathematik* (siehe Anfangs-Kapitel). ⌣

1. Wir sind im Zentrum des 2d-Koordinaten-Systems $(0, 0)$.
    Frage: Wie viele minimale achsen-parallele Schrittfolgen gibt es von $(0, 0)$ zu einem Joystick-Punkt (a, b) [$\in \mathcal{Z}^2 \backslash (0, 0)$]? Antwort:

$$\binom{|a| + |b|}{|a|} \underset{\text{Symmetrie}}{=} {}^{\text{Binomial-}} \binom{|a| + |b|}{(|a| + |b|) - |a|} = \binom{|b| + |a|}{|b|},$$

was auch die Antwort für die symmetrische Fragestellung nach der Anzahl verschiedener Bewegungs-Muster zum Punkt (b, a) darstellen würde: Bei der Gesamt-Anzahl diskreter Schritte kommt es auf die Summe der Bewegungen sowohl in x- als auch in y-Richtung, also die Addition der beiden Koordinaten-Beträge, an, nicht auf die Reihenfolge der Begehung der einzelnen Dimensionen – was auch ganz allgemein das Formelwerk für die jeweils minimalen Weg-Längen erklärt. Siehe hierzu auch das Trajektorie-Beispiel vorne im Mathe-Kapitel.

2. Hier vereinfachend wollen wir ein Spiel abbilden, das auf einer kleinen 10-GB-Maschine pro Konfiguration (Knoten im Spiel-Baum) 10 B benötigt; ferner läge dem Spiel-Charakter ein einheitlicher Verzweigungs-Faktor (engl.: „branching factor" =: b, # Möglichkeiten pro Entscheidung) von 16 zugrunde (kleiner als bspw. bei der Schach-Eröffnung). Wir interessieren uns sowohl für die # Knoten (engl.: „nodes" =: n), welche wir darstellen können, als auch für die Aufbau-Tiefe, die größte Vorschau-Ebene (engl.: „level" =: l) im Spiel-Baum:

$$n := \left\lfloor \frac{10\,\text{GB}}{10\,\text{B/Knoten}} \right\rfloor = (2^{10})^3 \approx (10^3)^3 = 10^9\,[\text{Knoten}]$$

$$b^l \geq n \implies l \geq \log_b(n) =: w \leq \lceil w \rceil =: l.$$

Für den Normal-Fall, dass n keiner b-Potenz entspricht, kann natürlich die letzte Ebene l nicht mehr komplett aufgebaut werden, was den Freiheits-Grad entsprechend einschränkt. Für den Spezial-Fall $w = l$, in dem es also nichts aufzurunden gibt, hat man noch auf der größten Vorschau-Ebene alle Freiheiten.

$$l :=_{\text{oben}}^{\text{siehe}} \lceil \log_{16}(2^{30}) \rceil = \lceil \log_{2^4}[(2^4)^{7,5}] \rceil = 8.$$

Dies bezieht sich auf die unrealistische Variante, dass man die Ebenen überschreibt, die Speicher-Knoten alle der jeweiligen Ebene zur Verfügung stehen. Möchte man aber auf Vorgänger-Konfigurationen zurückgreifen, so speichert man alle Ebenen ab, also die Summe (=: s) aller b-Potenzen bis zur Such-Tiefen-Ebene l:

$$s_b(l) := \sum_{i:=0}^{l} b^i = \frac{b^{(l+1)} - 1}{b - 1} \geq n$$

$$l \geq \log_b[(b-1) \cdot n + 1] - 1 =: w \leq \lceil w \rceil =: l :$$

(Der vorherige Freiheitsgrad-Kommentar gilt auch hier.)

$$l := \lceil \log_{16}[(16-1) \cdot 2^{30} + 1] - 1 \rceil$$
$$=_{\text{oben}}^{\text{siehe}} \lceil \log_{16}(15 \cdot 16^{7,5} + 1) \rceil - 1$$
$$\hat{=} \lceil \log_{16}(15) + 7,5 \rceil - 1$$
$$\hat{=} \lceil 1 + 7,5 \rceil - 1$$
$$= 1 + \lceil 7,5 \rceil - 1$$
$$= 8.$$

Es ergibt sich die gleiche Such-Tiefe wie vorher; vom Speicherplatz her kann man es sich leisten, alles vorzuhalten [$b^{(l+1)} > s_b(l)$].

Wie der Summen-Formel leicht zu entnehmen ist, hat man als Game-Designer/in etwas Spielraum $\smile$ – der Zusammenhang zwischen Verzweigungsgrad und Such-Tiefe ist schließlich so etwas wie ein Null-Summen-Spiel: Macht man das Spiel interessant, lässt man also ein großes b zu, ergibt sich nur ein kleines l – das Spiel ist demnach schnell zu Ende; erlaubt man nur ein kleines b, ist das Spiel nicht so abwechslungsreich, man erlaubt jedoch damit ein großes l und kann so das Spiel länger laufen lassen – sicherlich ein Parameter bei der Design-Entscheidung für Erwachsenen- bzw. Kinder-Spiele.

Der Verzweigungs-Faktor spielt auch eine Rolle bei der Überlegung, wie man ganz generell von einer Start- zu einer Ziel-Situation gelangt. Man denke hier an einfache Intelligenz-Tests der Art, wie man bspw. in einem Labyrinth ausfindig macht, welcher außen stehende Angler den Fisch in der Mitte gefangen hat bzw. welches innen liegende Käsestück von der außen stehenden Maus gefressen wird. Man könnte sowohl von außen nach innen, nennen wir's mal „vom Start weg voran Richtung Ziel" („forward reasoning") gehen oder von innen nach außen, nennen wir's entsprechend „vom Ziel zurück nach vorne" („backward reasoning"). Hat man sowohl vorne als auch hinten mehrere Ansetz-Möglichkeiten, so wählt man logischerweise diejenige Richtung mit der geringsten Anzahl an evtl. notwendig werdenden Korrektur-Schritten (dann im berüchtigten *backtracking*-Modus), halt die mit dem kleinsten Verzweigungs-Faktor; dieses Strategie-Wissen zum jeweils geeigneten Vorgehen sollte das ([Nicht-]KI-)System bereithalten. Ohnehin ist in riesigen Suchräumen mit sehr vielen Entscheidungs-Möglichkeiten neben unterstützendem Automatismus zusätzlich menschliches Erfahrungswissen hilfreich, um schnell genug gute Entscheidungen zu tätigen.

(Mit hier Gebotenem nicht zu verwechseln [aber ebenfalls in diesen Abschnitt gehörend] ist *Gamification*/„Spielifizierung", spielerisch motivierend auf Nicht-Spielerischem einzuwirken.)

4.3   Neuronale Netzwerke

Maschinelles Lernen (=: ML) ist ein weites Feld. Erwähnt werden sollte wenigstens das *Künstliche Neuronale Netzwerk* („Artificial *N*eural *N*etwork" =: *ANN*); es mimt auf maschinelle Art (zwar nur rudimentär, aber immerhin) das Prinzip unseres natürlichen NN, das Gehirn. Einfache Prozessoren spielen die Rolle der Neuronen, die initial in einem bestimmten Muster miteinander verbunden sind. Was in der Natur die Synapsen übernehmen, reflektieren hier die Verbindungen (engl.: „interconnections") untereinander, weshalb man *ANN* auch unter der Bezeichnung *Konnektionismus* wiederfindet.

Dabei wird für jeden der k *P*arameter P_j $(1 \leq j \leq k)$ der jeweilige *I*nput-Wert i_j eingelesen und gemäß seiner Bedeutung entsprechend mit dem jeweils zugehörigen Gewichts-Faktor (engl.: „*w*eight"), versehen. Die beiden Größen werden miteinander multipliziert und anschließend aufsummiert; die entstehende Summe nennt man traditionellerweise den „*S*timulus"

$$s := \sum_{j:=1}^{k} i_j \cdot w_j \ ,$$

der sodann in die `Differenz`-Funktion `diff` eingeht – die den Unterschied zwischen s und einem zu erwartenden Schwellenwert („*t*hreshold") θ misst:

$$\texttt{diff} := s - \theta .$$

Der letztliche Output wird über eine Aktivierungs-Funktion berechnet, die sich auf verschiedene Art und Weise umsetzen lässt – sowohl diskret ◡̈ als auch kontinuierlich, wie bspw. im Digitalen mit der binären `vergleiche`-Funktion (entweder per „Vorzeichen" [*sign*] oder als „Schritt" [*step*] realisiert) und im Analogen gern mit der beliebten `sigmoid`-Funktion.

$$\texttt{vergleiche(diff)} := \begin{cases} (+)\,\texttt{1} & ; \ \texttt{diff} \geq 0 \\ \texttt{minus} & ; \ \texttt{diff} < 0 \end{cases}$$

Bei der Vergleichs-Funktion *sign*(`diff`) wird `minus` $:= -1$, bei *step*(`diff`) definiert man `minus` $:= 0$. Historisch zu nennen ist sicherlich das schon über 60 Jahre alte *Perceptron,* das in „feed-forward"-Manier die Ausgabe nicht zur Eingabe rückkoppelt, jedoch die sogenannte „einfache" *Delta-Lern-Regel* nutzt, in der Anpassungen der Kanten-Gewichte vorgenommen werden. Hierzu definieren wir einige Parameter:

- α := Lern-R*a*te (Bedeutung der Gewichts-Änderung beim Trainieren)
- l := Trainings-*L*auf (Index)
- f := *F*unktions-Wert
- e_l := Fehler (engl.: „*e*rror", beim Trainings-*L*auf l) :=

$$f^{\texttt{erhofft}} - f^{\texttt{erzielt}} \ .$$

Die (einfache/„simple") Gewichts-Differenz sieht wie folgt aus:

$$\Delta^{\texttt{simple}} w_{j,l} := \alpha \cdot i_{j,l} \cdot e_l \ ,$$

eingehend in die Gewichts-Anpassung

$$w_{j,l+1} := w_{j,l} + \Delta^{\text{simple}} w_{j,l}$$

(solange, bis eine vorher vereinbarte Konvergenz erreicht ist). Diese Art der Adaption macht Sinn: Unterschießt man den gewünschten Wert ist e positiv, und w wird im nächsten Durchlauf angehoben; überschießt man ihn mit dem gemessenen Wert so ist e negativ, und w wird beim nächsten Mal durch die Addition dieser negativen Fehler-Abweichung abgesenkt.

Mit dem Perceptron konnte man die einfachsten logischen Verknüpfungen NOT, AND bzw. OR umsetzen. Nun will man mit einem *ANN* klassische Klassifizierungs-Aufgaben angehen, wie z. B. einfache Handschrift-Zeichen-Erkennung (wo eh nur auf einen sehr endlichen Werte-Bereich abgebildet wird) oder zur Bonitäts-Prüfung in Banken (wenn auch mit mehr Eingangs-Parametern – wo es darum geht, ob ein Darlehens-Antrag gewährt wird oder nicht). Hierzu ist dann die lineare Separierbarkeit zur Trennung zwischen false- und true-Fällen bedeutsam; bei den drei o. g. Operatoren ist dies möglich. Beim doch wichtigen XOR ($\oplus$) ging das nicht so direkt: Wenn man die beiden Eingaben dieser Binär-Relation in ein diskretes Koordinaten-System einträgt (mit der üblichen Interpretation false =: 0 und true =: 1), ergeben bekanntlich die beiden Paare $(0, 0)$ und $(1, 1)$ [wegen false $\oplus$ false = false = true $\oplus$ true] jeweils den *boole*schen Wert 0 und die beiden anderen Paare $(0, 1)$ und $(1, 0)$ [wegen false $\oplus$ true = true $\oplus$ false = true] jeweils den *boole*schen Wert 1. Nun lässt sich jedoch keine alleinige Trenn-Linie ziehen, welche die false- von den true-Punkten sauber auseinanderhält. Daher erstarrte das *ANN*-Interesse, erweckte aber wieder zum Leben mit der Idee der („verborgenen") Zwischen-Schicht[en] (engl.: „hidden" layer).

Die o. g. sigmoid-Funktion nennt man auch die *logistische Kurve* – und ist in ihrer Basis-Variante wie folgt definiert:

$$\text{sigmoid(diff)} := \frac{1}{1 + e^{(-\text{diff})}} .$$

Sie zeigt ein rechts-gekippt liegendes S und zeichnet eine aus dem Alltag bekannte typische Nachfrage nach einem neuen Technologie-Gut, wirtschaftswissenschaftlich etwa wie folgt interpretiert: anfangs gibt es nur sehr wenige (flach ansteigend) sogenannte „early adopter", dann erkennen Viele (stark steigend) die Vorzüge des neuen Produkts, schließlich wollen noch Weitere (schwach weitersteigend) dabei sein, und gegen Ende ist der Markt „gesättigt". Interessant hierbei ist sicherlich zu erwähnen, dass sie ihren stärksten Anstieg, mathematisch gesprochen die größte Steigung, bei diff $= 0$ hat, wo der Stimulus exakt den Schwellenwert trifft – eine gewisse „Wohl-Definiertheit", welche dabei genutzt wird. Die sigmoid-Funktion findet sich bspw. in der überlieferten *Boltzmann-Maschine* (mit stochastischer Aktivierungs-Funktion) sowie in der *ANN*-Architektur *back propagation* (=: *BackProp*).

Dieses *BackProp* setzt „hidden units" (verborgene Einheiten/*ANN*-Knoten) ein (ist daher XOR-fähig), Gewichte werden zurückgeleitet (nicht der Output, weshalb immer noch von einem „feed-forward"-Netz gesprochen wird) – und dabei die hier nun folgende sogenannte „verallgemeinerte" *Delta-Lern-Regel* („generalized" *Delta learning rule*) nutzt. Diese berücksichtigt bei der Gewichts-Differenz, zur schnellen Anpassung, zusätzlich die Ableitung der Aktivierungs-Funktion, weshalb man es [überwachtes] *Gradienten-Abstiegs-Lernen* („gradient descent learning") nennt:

$$\Delta^{\text{generalized}} w_{j,l} := \Delta^{\text{simple}} w_{j,l} \cdot f' := \begin{smallmatrix} [f := \\ \text{sigmoid(diff)]} \end{smallmatrix}$$

$$\alpha \cdot i_{j,l} \cdot e_l \cdot (1 - f).$$

Ganz allgemein lassen sich die Zwischen-Schichten hierarchisch anordnen, womit sich „deep learning" realisieren lässt: Die erste innere Schicht ordnet die Input-Signale und findet bspw. bei *Pattern Recognition* auf einer rein physischen Ebene erstmal nur Pixel, welche dann in der nächsten Schicht möglichen Formen syntaktisch zugeordnet werden; später werden diese Objekte mit einem Muster semantisch abgeglichen. Die verborgenen Schichten stellen daher nach und nach eine jeweils höhere Abstraktions-Ebene dar – vom eingeflossenen Input hin in Richtung zum gedachten (simulierten) „Verständnis" als Output.

Allgemeine Parameter (nicht erläuterte siehe Literatur) sind:

- Informationsfluss-Richtung
  - *feed-forward* (höchstens Fehler-Rückmeldung)
  - *recurrent* (inkl. *feed-backward*-Output-Rückleitung)
- Ebenen-Architektur
  - nur In/Output
  - Zwischen-Schicht(en)
- Lern-Setting
  - Überwachung
    * ohne
    * mit
  - Wettbewerb
    * nein
    * ja.

Zur Nennung passender Instanzen hier nun als Beispiel das Kohonen-Netzwerk: „non-recurrent multi-layer unsupervised winner-takes-it-all".

Jedoch nicht nur ML, sondern KI generell, kann das kulturelle Eingebettetsein nicht ersetzen, wie menschliches Miteinander mitsamt Empfindungen und persönlichem Austausch ☻; echte soziale Alltags-Intelligenz wird nicht erreicht. In die Begrifflichkeiten „hard/soft AI" weiter einzutauchen überlasse ich aber gerne der jeweiligen Eigen-Initiative meiner Leserschaft. Abschließend: Obwohl ein spielerisches Forschungs-Ziel, hier bspw. bzgl. dynamisch agierender kooperativer Intelligenz in Multi-Agenten-Systemen, zu nennen oft begeistert, scheint mir jedoch die Fußballweltmeister-Mannschaft im Jahre 2050 mit einer Roboter-Truppe schlagen zu wollen Augenwischerei; als Informatik-Absolvent mit KI-Schwerpunkt (an der damaligen Hochburg Uni Kaiserslautern) und heutiger Freizeit-Auswahl-Stürmer ☻ erlaube ich mir dies zu prophezeien.

4.4   Wissensbasierte Systeme

Ein WBS, oft (verkürzt) „Experten-System" (XPS) genannt, besteht grob aus vier Komponenten: Wissens-Erwerb, Wissens-Basis (Fakten + Regeln), Schlussfolgerungs-Mechanismus sowie Erklärungs-Einrichtung. Beschreibung des Wissens und Lösen des Problems sind getrennt. Arrangiert man Letzteres modular im Sinne einer Unterteilung in problem-spezifische und problem-unabhängige Strategien, kann man die allgemeingültigen Verfahren zum Herzstück einer sogenannten Expertensystem-„Schale" („shell") machen, die man auch in anderen Anwendungsgebieten einsetzen kann. Ein WBS ist dort stark, wo sich das Wissen des speziellen Einsatzbereichs auf intelligente Art und Weise auf dem Rechner modellieren lässt.

Trotz inzwischen komfortabler Entwicklungs-Umgebungen sind – historisch gesehen – besonders zwei reine Programmier-Sprachen erwähnenswert: LISP (LIst Processing), mit Ursprung in Amerika (USA), und PROLOG (PROgrammation en LOGique), mit Wurzeln in Europa (Frankreich, Großbritannien, und vor allem Deutschland [„Intellektik"]). Beide Sprachen verbreiteten sich längst weltweit; vor allem in Japan ist PROLOG sehr geschätzt. Die Performanz eines logikbasierten Systems misst sich in LIPS ☻ (Logical Inferences Per Second).

4.5   Logik

Wenden wir uns nun Prinzipiellerem zu: Wie kann man eine Maschine all die Dinge wissen lassen, welche sich in der Umgebung nicht ändern? Dies ist das berühmte „frame problem".

Das korrespondierende „ramification problem" zeigt auf die Schwierigkeit, nach Ausführung einer Wenn-dann-Regel alle impliziten Konsequenzen zu bedenken.

Das „qualification problem" schließlich sensibilisiert für die Berücksichtigung wirklich aller Vorbedingungen zur Anwendung einer Regel. Folgendes Szenario möge es ein wenig erhellen: Wir stellen uns eine Regel „$\underline{if}$ condition $\underline{then}$ action" vor: $C \longrightarrow A$, wobei wir aber in einer speziellen Anwendung dies hier noch meinen: $C \wedge B \longrightarrow \neg A$. *Boole*sche Logik liefert: $C \wedge B \longrightarrow C$ ($\longrightarrow^{\text{siehe}}_{\text{vorhin}} A [\neq^{\cup} \neg A]$). Es wäre offensichtlich notwendig, noch eine zusätzliche Vor-Bedingung mitaufzunehmen: $C \wedge \neg B \longrightarrow A$. Dies ist im Lichte einer „Default"-Regel: Solange B nicht gilt (jedoch C) lässt sich A herleiten; tritt, bspw. in einem Echtzeit-System, doch B auf den Plan, gilt die Negation von A, und alle auf A basierenden Schlüsse müssen zurückgezogen werden [soweit noch möglich ;-( ]. Dies ist Gegenstand eines sogenannten Wahrheits-Verwaltungs-Systems („*t*ruth *m*aintenance *s*ystem" =: TMS).

Kommen wir jetzt zu zwei wesentlichen Begrifflichkeiten eines Kalküls: *Korrektheit* und *Vollständigkeit*. Gegeben eine Wissens-Basis (engl.: „knowledge base" =: KB) und ein Sachverhalt (engl.: „statement" =: S). Sei ⊢ die syntaktische („maschinelle"), ⊨ die semantische („mathematische") Folgerung.

- Korrektheit: KB ⊢ S $\Longrightarrow$ KB ⊨ S
- Vollständigkeit: KB ⊨ S $\Longrightarrow$ KB ⊢ S

Wenn alles seitens des Logik-Apparates Herleitbare auch mathematisch richtig ist, nennt man den Kalkül *korrekt;* und wenn Alles, was mathematisch stimmig ist, auch seitens des Logik-Apparats herleitbar ist, so nennt man den Kalkül *vollständig*. Es existieren naturgemäß folgende vier Fälle automatischer (Nicht-)Herleitungen, auch „Deduktionen" genannt:

1. KB ⊢ S
2. KB ⊢ ¬S
3. KB ⊬ S
4. KB ⊬ ¬S

Betrachten wir nun alle (sechs) theoretisch möglichen 2er-Kombinationen:

- 1. gemeinsam mit 2.: die KB ist inkorrekt (inkonsistent)
- 3. gemeinsam mit 4.: die KB ist unvollständig (bzgl. S)
- 1. gemeinsam mit 4.: die KB akzeptiert S
- 2. gemeinsam mit 3.: die KB verwirft S.
- Die Paarungen 1./3. sowie 2./4. stellen System-Fehler dar.

Die Wissens-Basis muss konsistent bleiben, auch weil aus false Alles, auch unsinniger *Q*uatsch (=: q), (logisch sauber) abgeleitet werden kann:

$$\text{false} \longrightarrow q \ (\in \{\text{false}, \text{true}\}) \ \hat{=} \ \text{true}.$$

Finale: Sei die *boole*sche *I*mplikation *I* wie folgt definiert: $I := C \longrightarrow A$; dann kann man $I = A$ (nur) sorglos folgern, falls $C = \text{true}$. Daher braucht PROLOG bspw. für seinen Widerspruchsbeweiser zwingend eine konsistente Wissens-Basis.

Weiterführende Literatur

Blum, C., Roli, A.: Metaheuristics in combinatorial optimization – overview and conceptual comparison. ACM Comput. Surv. **35**(3), 268–308 (September 2003) ISSN: 0360-0300

De Jong, K. A.: Evolutionary Computation – A Unified Approach; 978-0-262-04194-2 (hardcover), 2006, 978-0-262-52960-0 (paperback). MIT Press, Cambridge (2016)

Dorigo, M., Stützle, T.: Ant Colony Optimization; 978-0-262-04219-2 (hardcover). MIT Press, Cambridge (2004)

Dueck, G.: New Optimization Heuristics – The Great Deluge Algorithm and the Record-to-Record Travel. J. Comput. Phys. **104**(1), 86–92 (1993) ISSN: 0021-9991

Hower, W.: Parallel global constraint satisfaction; IJCAI-91 Workshop on Parallel Processing for Artificial Intelligence (PPAI-91), Informal Proceedings, S. 80–85, 12th International Joint Conference on Artificial Intelligence, Darling Harbour, Sydney, New South Wales, Australia, August (1991)

Hower, W.: The Relaxation of Unsolvable CSPs – General Problem Formulation and Specific Illustration in the Scheduling Domain; IJCAI-89 Workshop on Constraint Processing, Proceedings, S. 154 (editor: Rina Dechter, Cognitive Systems Laboratory, University of California, Los Angeles, CA), 11th International Joint Conference on Artificial Intelligence, Detroit, Michigan, USA (August 1989)

Kennedy, J., Eberhart, R. C., Shi, Y.: Swarm Intelligence; 978-1-55860-595-4 (hardcover), 978-1-49330-358-8 (paperback), 978-0-08051-826-8 (eBook), Morgan Kaufmann & Elsevier, San Francisco (2001)

Munakata, T.: Fundamentals of the New Artificial Intelligence – Neural, Evolutionary, Fuzzy and More; 2. Aufl., 978-1-84628-838-8 (hardcover), 978-1-44716-803-4 (softcover), 978-1-84628-839-5 (eBook). Springer, New York (2008)

Negnevitsky, M.: Artificial Intelligence – A Guide to Intelligent Systems; 3. Aufl., 978-1-408-22574-5 (paperback), Pearson & Addison-Wesley, Harlow (2011)

Olariu, S., Zomaya, A. Y. (Hrsg.): Handbook of Bioinspired Algorithms and Applications; 978-1-58488-475-0 (hardback), 978-1-42003-506-3 (eBook), Chapman & Hall & CRC, New York (2005)

Poole, D. L., Mackworth, A. K.: Artificial Intelligence – Foundations of Computational Agents; 2. Aufl., 978-1-107-19539-4 (hardback). Cambridge University Press, Cambridge (2017)

Schneider, J., Kirkpatrick, S.: Stochastic Optimization; 978-3-642-07094-5 (softcover), 978-3-540-34559-6 (hardcover), 10.1007/978-3-540-34560-2 (DOI), Springer, New York (2006)

Stichwortverzeichnis

© Springer Fachmedien Wiesbaden GmbH, ein Teil von Springer Nature 2019
W. Hower, *Informatik-Bausteine*, Studienbücher Informatik,
https://doi.org/10.1007/978-3-658-01280-9

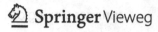

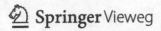

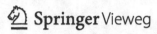

Printed in the United States
By Bookmasters